如一 著

光明日报出版社

图书在版编目（CIP）数据

变通 / 如一著. -- 北京：光明日报出版社，2024.

7. -- ISBN 978-7-5194-8073-8

Ⅰ. B821-49

中国国家版本馆CIP数据核字第2024FN2868号

变通

BIAN TONG

著　　者：如　一	
责任编辑：孙　展	责任校对：徐　蔚
特约编辑：王　猛	责任印制：曹　净
封面设计：李果果	

出版发行：光明日报出版社

地　　址：北京市西城区永安路 106 号，100050

电　　话：010-63169890（咨询），010-63131930（邮购）

传　　真：010-63131930

网　　址：http://book.gmw.cn

E － mail：gmrbcbs@gmw.cn

法律顾问：北京市兰台律师事务所龚柳方律师

印　　刷：河北文扬印刷有限公司

装　　订：河北文扬印刷有限公司

本书如有破损、缺页、装订错误，请与本社联系调换，电话：010-63131930

开　　本：170mm×240mm	印　　张：16
字　　数：193 千字	
版　　次：2024 年 7 月第 1 版	
印　　次：2024 年 7 月第 1 次印刷	
书　　号：ISBN 978-7-5194-8073-8	
定　　价：58.00 元	

第一章

善于变通，才能走得更稳

第四章

突破固有思维的桎梏

第五章

要想口才好，就要懂变通

拥抱瞬息万变的世界

我们置身于一个飞速发展的时代，如同身处风云变幻的天空，到处充满了挑战和机遇。如今，成功的核心是学会拥抱变化、适应变革，不断更新自己的思维，调整自己的行动，以迎接充满未知的未来。

正是在这样的背景下，才有了"变通力"的概念。培养变通力的第一步是要培养自己的变通思维，以提升人生的核心竞争力。"穷则变，变则通，通则久。"大道三千，懂得变通才能找寻到更多机会，墨守成规很容易一条路走到黑。要相信，只要存在问题，就一定有解决的办法，思维要灵活，做事要变通。

但变通不等于毫无底线，在该变的地方变，不该变的地方一定要懂得坚守。所以，并非所有圆滑的行为都能变通成事，有底线、有方法，才是真正的变通力。

当坚持原则时却被人称作"死脑筋"，你是否怀疑过自己？倘若拥有变通思维，你就不会产生这样的疑惑。坚守底线是正确的，这一点毫无疑问，但实现它的方法有多种，不要一味"硬碰硬"。对待别人过分的要求不必直白地拒绝，换一种委婉圆滑的方式处理，一样能守住自己的底线。

当风险来临时选择了最稳妥的方案，却担心自己错过人生的机遇而庸碌无为，你是否产生过迷茫？变通思维会让我们明白，没有一成不变的事，过去的经验在未来随时可能失效，真正的稳定是拥有搏击风浪的能力。在风险中不断积累这种能力，让能力变成支撑未来的勇气，继而敢于去挑战。

当选择摆在你面前时，你是否曾因为瞻前顾后、犹豫不决而错失良机？又是否因为想得太多而做得太少、太迟？变通力的核心就是果断、行动，环境在不断变化，机会稍纵即逝，在合适的时机快速判断、迅速出手，只有将思维化作行为，改变才会真正发生，否则便只是空想。

在关键时刻，拥有变通思维能让你发生脱胎换骨的改变，这就是思维、眼界影响人生的体现。懂得变通的人，能够在变化中找到机遇、化解挑战，不被困境所困扰，更能借助变通的翅膀翱翔于变革的浪潮之上。

本书系统、深刻地剖析了变通的本质、如何做事与做人、怎样打破固有思维的禁锢、沟通合作中的技巧、职场中的变通小技巧等多个问题。笔者深入挖掘变通的深层含义，以及如何在实际生活中运用这一智慧，通过精彩的案例、细致的分析，带领读者逐渐领悟拥抱变化的智慧，懂得如何在风云变幻的世界中立足，乘风破浪。让我们一起开启这场关于变通的探索之旅吧！

第一章

善于变通，
才能
走得更稳

变通力是敢于创新

"变"的字面意思是"状况跟原来有所不同"。当一个稳定运转的系统引入了变量，必然会打破之前的平衡，从而产生一系列连锁反应。所以大多数人恐惧变化、抗拒变化，认为保持跟过去一致的步调虽然无法带来更好的生活，但至少不会更差。当所有人都倾向于待在熟悉、稳定的舒适区中时，拥抱变化的人就显得尤为勇敢。变通力的核心是"变"，打破过去的僵局，敢于创新，才有可能收获不一样的结果。

汉高祖刘邦结束了秦末的乱世，建立了西汉。西汉初年，国家迎来了统一和安定的局面，百废待兴。刘邦意识到秦朝的苛政是导致百姓不满的根源，便吸取了秦朝灭亡的教训，制定了"轻徭薄赋"的政策，与民休息。

刘邦将田赋的比例从原本的"十税一"降低到了"十五税一"，让农民得以有喘息之机，又实行"重农抑商"的政策，提高了商税并禁止商人为官。经过一系列举措，百姓家中终于有了余粮。

高祖刘邦去世后，继任的皇帝也依然延续了这一政策。文帝不仅压缩朝廷的开支、减轻百姓的负担，在生活上也身体力行地贯彻"节俭"二字。文帝不穿昂贵的丝绸，只穿粗麻制成的衣服，后宫中即使是最受宠爱的慎夫人，也只能穿裙角不及地的短裙衫，寝宫的幔帐上更是没有任何昂贵的装饰，以起到崇尚朴素的表率作用。

如此坚持了 70 多年，到了汉武帝时，百姓终于富裕了起来，不必再为了温饱生存挣扎。毫无疑问，这正是延续汉初的轻徭薄赋、养民生息的理念造就的成果。

这是否意味着，只要坚持这一政策，永远实行下去，西汉就能越来越稳定、越来越繁荣呢？毕竟，过去 70 年的经验已证明了这一政策的正确性。

而太史公司马迁却用"陈陈相因"四字形容当时的情况。国库的粮仓里堆满了吃不完的粮食，陈粮上压着新粮，最后装不下的粮食只能溢到外面，很多甚至腐烂了。

朝廷更是不缺钱财，仓库里穿着钱财的绳子都因为时间太久而腐烂断裂，导致钱币散落一地，分不清到底有多少。街头巷尾都是老百姓养殖的马匹，举行宴会的时候甚至出现了只让宾客骑乘公马的现象，因为马匹太多了，宾客们若骑着母马前来，马匹会在马厩中骚动争斗，引来麻烦。

这些只是表面的细微问题，潜藏在社会平静表象之下的暗流也正在涌动。汉初实行重农抑商的政策，极大地稳定了社会秩序，但伴随着财富总值的上升，商人实际的社会地位也在逐步上升。他们仰仗自己积累的财富，做出许多僭越礼制的行为，又有贫者愈贫、富者愈富的现象出现。与此同时，外敌势力也不可忽视。汉初为了恢复国力，对外于匈奴的态度向来比较"软弱"，不仅对匈奴犯边之事多有忍让，还常常将宗室公主嫁予匈奴单于，以和亲的方式换取不稳定的盟约。朝廷年年送上许多金银珠宝、粮食美酒，并没换来匈奴的偃旗息鼓，相反，这种软弱更滋长了外敌的胆量，匈奴铁骑常常南下侵犯汉朝边境，掳掠边境的财富，杀害汉朝百姓。

表面的歌舞升平之下，是内忧外患的困境。可见，一个好的政策也无法适应所有的时代，时移世易，新矛盾的出现意味着改革创新的时机已到。于是，汉武帝登基之初，就不再沿用文景之治时的"无为之治"，而是积极举贤纳谏，任用董仲舒实行改革，并采取了空前积极的对外政策，在跟匈奴的角力中屡屡获胜，最终平息了汉朝疆土周边的危机。

董仲舒有言："继治世者其道同，继乱世者其道变。"若当下是太平盛世，自然可以继承之前的道路，但如果环境发生改变，就一定要改变策略方法，找到新的出路。若是汉武帝一味坚持"萧规曹随"，即使他接手的是一个比父祖更强盛的汉朝，也不一定能维持住这份强盛。因为时移世易，过去的经验已无法继续沿用，最好的办法就是不再因循守旧，而是大胆创新。

帝王的创新可以让一个国家强盛起来，而个人坚持创新思维，亦可以改变自己的人生。拒绝创新，永远待在自己的舒适区，最好的结果就是维持现状，但大多数时候我们只能眼睁睁看着自己慢慢被时代抛下。若是陈陈相因，处事时只有敷衍对付的心态，凡事都遵循老规矩办事，不根据处境的变化思考新的处理办法，既是对所负责事物的不负责，也是对自我人生的不负责。只有创新，才是人生的活力源泉，也是变通力的基础。

　　当条件改变时，外界对我们的要求就随之变化，不要一味套用旧的条条框框，自己不创新，而别人都在进步，自己就会被抛下。从思维上突破窠臼，让视野更开阔、行动更积极，用创新的办法针对性解决问题，才是懂得变通的表现。

求变亦是求稳

在时代的洪流中，每个人都面临着不同的选择，或坚守，或改变。你会怎样选择？是像守旧的人那样，被动地等待别人去推动和改变？还是像敢于创新的人那样，积极地迎接时代潮流的挑战？有时候，过于求稳会让自己做出保守的选择，只能在时代浪潮中随波逐流、陷入被动，求变的思维反而是另一种"稳定"，紧跟时代，第一时间掌握风向，才能更快地做出应对，让自己立于不败之地。

不断求变是一种通向成功的态度，美国硅谷企业家埃隆·马斯克的经历说明了这一点。马斯克自幼表现出强大的求知欲和学习能力，在美国宾夕法尼亚大学获得物理学和经济学双学位后，他来到了美国硅谷开始自己的创业之路。

1995 年，当人们刚刚关注互联网这个冉冉升起的新兴领域，对如何在互联网淘金一无所知时，马斯克已经创办了自己的第一家公司——Zip2。这是一个具备地图和点评功能的网站，首次将地图、网站、分类目录等功能整合在一起，且与应用领域息息相关。马斯克初步建立网站时，只有父亲资助他的 2.8 万美元和一台电脑，他和自己的小团队几乎日夜不休地研究网站技术。

4年后，马斯克卖掉了自己的这家公司，用2.8万美元换来了2200万美元，成为硅谷声名鹊起的年轻富豪。如果一家具有点评功能的地图网站在1999年市值2000万美元，我相信，2000年后，伴随着互联网的普及和移动互联网技术的成熟，这家网站的价值一定会节节攀升。像我们熟知的几家知名地图网站，目前都成为人们出行不可或缺的软件工具。能在1995年就具备长远商业视野的马斯克不可能不知道自己拥有的是"会下金蛋的母鸡"，但他还是选择了另一个创业方向——将互联网与传统的金融行业结合起来，将科技创新带到金融领域。

这在当时是一个极其抽象的概念，很多人对此不感兴趣。但马斯克毅然放弃了自己过去的成就，干净利落地出售了自己的地图网站，奔向这个尚未有人涉猎的领域。他参与创办的新网站，就是后来享誉世界的PayPal。

时至今日，PayPal在海外的在线支付领域几乎具有垄断地位，而当年参与创建PayPal的员工现在投身于互联网各个领域，很多人都做出了惊人的成绩，被称为"PayPal黑帮"。

PayPal整合了许多线下的金融服务功能，通过这个复杂的在线系统，你可以足不出户完成原本需要当面进行的金融交易。马斯克通过电子邮件付款这个小功能，一下子撬动了人们的兴趣，成功将PayPal推向市场。当PayPal被eBay收购时，马斯克从这个项目中得到了1.65亿美元的回报，更重要的是，他给金融业注入了科技血液，让这个行业向前迈进了一大步。

如果马斯克没有出售 PayPal，即便他安于现状，不再创新，身价也会伴随着 PayPal 的发展而不断提高。但他拥有敏锐的嗅觉，善于捕捉市场的新风向并跟随时代的发展不断前行。求变是马斯克思维的内核，他既不会被过去的成就所束缚，也不会为了保住已有的成果而抗拒改变，而是永远追求"做当前无人推动的、有意义的事情"。

之后，马斯克的求变思维不再局限于商业，而是着眼于更远的地方——人类的未来。他从底层需求出发，思考未来地球面临的最大问题是什么。如果能解决这个问题，自然不愁商业上的成功。马斯克意识到，可持续能源是当前地球的核心矛盾，如果不能解决这个问题，人类在未来将会陷入资源枯竭、恶性竞争的绝境。

一个人即使再有钱，也不敢妄断"人类未来"这样宏阔的议题，马斯克的商业愿景看起来是那样的不切实际。但他显然不是在开玩笑，而是用自己的行动证明了这一点。

2002 年，马斯克创立了研究火箭的太空探索公司 SpaceX，这是第一家推出商业太空飞行项目的民间公司；2004 年，马斯克投资了新能源汽车领域，成为特斯拉的联合创始人。

在当时，马斯克的选择并不被大众看好，甚至他创立商业太空探索公司的行为被人质疑是"天方夜谭"。可 20 年后的今天，SpaceX 每年可成功发射数十枚火箭，并实现了将宇航员送往空间站的载人任务，特斯拉更是成为世界上最具关注度的新能源汽车，引领了汽车和能源领域的革命。在马斯克的坚持下，这两个不被众人看好的项目扛过了危机与低谷，最终成为马斯克商业版图中最重要的组成部分。

　　纵观马斯克的商业之路，他用自己的求变思维跟上了时代的脚步，掌握了主动权。甚至可以说，马斯克在一定程度上改变了时代。在这个技术革新、信息爆炸的时代，外部环境的变化比过去任何时候都快，此时保持现状只是追求低级的稳定，跟上时代甚至超越时代，敢于求变才是高级的稳定。

　　稳定的核心是具有竞争力，追求绝对的稳定有时就会丧失机会、削弱竞争能力，陷入被动。只有主动出击，不断根据外界的发展要求来调整自己，才能在变化中掌握主动权，稳定地占据上风。

化害为利，转败为胜

成功的善变者不会频繁改变自己做事的原则和思考的方式，而是懂得运用灵活的手段维护自己的底线和坚持，也会构建一种积极变通的思考模式去应对环境，做到以不变应万变，藏万变于不变之中。

譬如，对外界事物的评价应该是多元的、变通的，不应该单纯地着眼于当前的好坏。看似发生的都是好事，其实可能有危机隐藏其中，这便是"水满则溢，月盈则亏"的表现。而身处于劣势之中，则应积极地看待自己的处境和资源，说不定就能化害为利，将劣势为己所用。如果不懂这种变通思维，我们只能在低谷中自困，挫伤自己的志气，原本能做到的事、能抓住的机会也都错失了。

曹操的谋士荀彧就凭借这一智慧，协助曹操赢下了著名的官渡之战。当时，曹操与袁绍的大军在官渡对峙许久，曹操始终没能占据优势。他衡量了己方实力，发现自己的士兵数量比不上袁绍，粮食等补给也不够。长时间相持不下，曹操手下的士卒变得越来越疲惫，胜算也越来越小，因此曹操生出了退却之心。

他跟自己的谋士们商议，想要先退守许昌。在这种明显的劣势之下，荀彧却提出了相反的看法，他说："当前的形势虽然对我们不利，但我们能在劣势中仍然阻截袁绍的军队长达半年，正说明了袁绍的情况也不好，而眼下袁绍的力量也在逐渐衰竭，局面一定会发生变化。"

荀彧不仅不赞成退守许昌，还建议曹操集中兵力主动出击，认为这就是出奇制胜的大好时机。

这就是化害为利的思维，其他人只看到了自己的困境和劣势，荀彧却能从另一个角度想到了敌人的问题——如果我们的处境这么差，那跟我们难分高下的敌人一定也没有那么厉害，他们同样处于人困马乏的状态，这不正是破局的好时机吗？

曹操立刻明白了荀彧的意思，当即决定坚守下去。他一边指挥大军加强防守，一边积极地寻找机会主动出击，最终亲自率兵截了袁绍大军的粮草，彻底打乱对方的阵脚，吹响了反攻号角，最终打赢了官渡之战。

拥有变通思维就是这样重要，虽然思维不能直接改变处境，但看待问题的角度不同，会影响我们的决断和处理方法。就像曹操在荀彧的引导下放弃了退守，选择寻机出击，最终转危为安。眼光、态度和思维极其重要，因为态度的变化才会带来一系列行为改变。

南北朝时，西魏和东魏彼此征伐不休，东魏名将高欢带领大军主动出击，渡过黄河、洛水之后，和西魏守将宇文泰率领的军队在许原附近对峙，僵持不下。

相对于整装待发、有备而来的高欢，宇文泰的军队显然要被动许多，甚至整合不出一支完整的队伍，只能等待各路援军兵马前来汇集。宇文泰麾下的将领见势不妙，便提出建议："我军寡弱，料想不能与敌军正面相对，不如暂时退却，再另行寻找机会。"

宇文泰却拒绝了这一提议："如果我们退却，高欢就能一路打到咸阳，届时将造成更大的危害。正应该趁他们刚打过来时，速速出击。"

宇文泰并未因为兵力悬殊而躲避，而是让西魏大军建造浮桥，强渡渭水之后继续前往战场，直到即将与东魏大军相接时才停下来。高欢早就听到了宇文泰打过来的消息，自然不惧正面对抗，也率兵赶来。

此时，宇文泰麾下一个叫李弼的将领提议："敌众我寡，实在不能在明面相争，不如在渭曲布下埋伏，佯装作战，打一个出其不意。"

宇文泰当即同意，便令全军在渭曲的芦苇丛中埋伏，只带少量士兵在明面上吸引东魏的军队。东魏的军队到达后果然中计了，他们听闻宇文泰手下兵力不足，又看到眼前这小规模的队伍，便以为自己必胜无疑，只想冲上前去抢夺功劳，以至于军队冲锋时忙乱一片、不成气候。

正在这时，宇文泰令人按照约定击鼓示意，埋藏在芦苇中的西魏士兵冲杀出来，打了对方一个措手不及，东魏溃败而逃。

宇文泰的兵力少本来是个劣势，但正因为兵力较少受人轻视，在一开始就打消了对方的警惕心。此时，他再让士兵埋伏起来，就可以有出其不意的效果，让原本的劣势转变为优势。

换个角度想，如果宇文泰的兵力充足，反而不能使用这种计谋。毕竟，哪里来的芦苇丛能藏下几十万大军呢？兵力太多也意味着大军行动迟缓，任何调令都不能灵活地下达，哪有埋伏时的那种机动性呢？

所以，埋伏战反而是兵力少的时候才能更好地开展。这就是化害为利的变通力，如果只是纠结于最表面的利害关系，不能看到伴随着问题而产生的机会，就不可能抓住改变现状的时机。

在困境面前，如果只一味沉浸在沮丧和颓废中，就只能被动地应对问题，会发现生活中的问题越来越多、幸运越来越少。要有变通思维，懂得化害为利，从劣势中分析有利于自己的方面，充分利用当前的各类资源，积极出击改变现状。

认知要有灵活性

眼界影响选择，认知决定上限，认知水平高的人，运筹帷幄便可决胜于千里之外，正如诗中所说："笔底伏波三千丈，胸中藏甲百万兵。"而认知不是一成不变的，随着周遭环境、个人处境的变化，对事物的判断和认知也要灵活改变，这样才能不断调整自己的人生策略，使自己立于不败之地。

提到变通和认知灵活性，就不得不提一位备受瞩目的企业家，他以其卓越的变通能力和战略眼光成为商业界的传奇。这个人就是亚马逊公司的创始人兼首席执行官——杰夫·贝佐斯。

贝佐斯的创业历程始于 1994 年，在那个互联网刚刚萌芽的时代，他基于自己对市场的认识，毅然放弃了一家在纽约的知名对冲基金公司的高薪职位，投身互联网的潮流。当时，他的目标是创建一家在线书店，这个目标看似简单，其实是对传统零售业模式的巨大颠覆。

贝佐斯的成功，基于他从事金融工作时建立的对前沿行业的认知，这种认知让他先于其他人意识到了互联网的潜力。但一时的选择不足以让贝佐斯建立亚马逊这个庞大的商业帝国，亚马逊的成功，是因为贝佐斯始终根据市场和企业的发展调整自己对未来的规划，建立更长远的发展目标。这体现了他的认知灵活性和不断变通的能力。

最初的亚马逊只是一家以销售图书为主的在线书店，如果贝佐斯止步于此，就永远局限在了图书领域。但他在经营书店的过程中，敏锐意识到其中的机会，发现互联网的力量可以重新定义零售业，并在其基础上构建一个庞大而多元的商业帝国。

在初创阶段，亚马逊面临着激烈的市场竞争和大量投资者的质疑。每当亚马逊身陷困境之际，贝佐斯总能展现出超凡的变通思维，他从不会被困难击垮，反而将其视为学习和改进的机会。在亏损时期，贝佐斯也始终坚持进行巨额投资，推动公司不断扩张和创新。他相信，通过大规模的投资和一点冒险的勇气，公司能在日益竞争激烈的市场中生存，并脱颖而出。

不怕创新、不畏挑战、不惧改变以及灵活的认知决定了贝佐斯掌舵的方向，让亚马逊逐渐从一家在线书店演变为全球最大的电子商务平台，在这一过程中，亚马逊不仅拓展了产品线，包括电子书、云计算服务、消费电子产品等，还积极投身于物流、媒体和人工智能等多个领域，时代在不断发展，亚马逊也在不断变化，一直紧随着科技进步的脚步。

贝佐斯的变通力不仅表现在业务拓展上，还体现在对雇员文化的创新上。

亚马逊通过引入"双向门"领导原则，建立了一种灵活、快速适应市场变化的企业文化。在亚马逊内部，决策分为两种，重量级的决策才可以选择"单向门"策略，就像推开一扇只能前进不能退回的门，一旦做出决定，即便证明错误也不能推倒重来，这意味着决策的贯彻将十分高效，但失败的损失也同样巨大。如果是普通决策，则采用"双向门"策略，它就像一扇能随时进出的门，如果证明决策失误，马上可以推倒重来。

于是，当有急需做决策的时候，大家不会刻板地直接推进工作，而是先判断是"单向门"还是"双向门"。如果不是战略性策略，被判断为"双向门"，往往决定权会交给一线团队，让更多人能参与公司的决策，也让公司始终能听取到年轻的一线人员的声音。这种灵活的策略文化根据实际情况来决定工作方式，不仅使亚马逊成为行业的领导者，也为员工提供了成长和发展的空间。

即便亚马逊取得了巨大的成功，贝佐斯也没有停止变通。他于2021年宣布辞去首席执行官职务，将视角从亚马逊中抽离出来，更多地关注其他领域的创新项目。这一决策再次展现了他的认知灵活性，只有盯紧前沿动向，不断调整策略，才能在激烈的商业竞争中立于不败之地。

在整个创业历程中，贝佐斯用行动诠释了"变通"的真正含义。如果固守旧的认知，即便一时掌握了时代先机，也会很快被瞬息万变的商业浪潮拍在沙滩上。而贝佐斯并不固守一成不变的模式，而是敢于冒险、迎接变化，始终保持对未来的敏锐洞察力。

人要懂变通，认知也要随着时间、处境和当下扮演的角色改变，灵活应对每个阶段的挑战，随着脚下的浪潮调整自己的姿势，才能成为时代的弄潮儿。

一切皆可为己所用

　　做事死板的人，往往身边有资源也不知道主动去争取，被"规则"二字束缚住自己的思路和举动。而拥有变通力的人，不仅会积极争取有利于自己的资源，哪怕是看起来根本用不上的资源，也可以通过巧妙的运作加以联络，以备未来之需。

　　战国时期，一个马贩子在市场上卖马，他对自己的马很有信心，因为每一匹都身健体壮、日行百里。没想到，他叫卖了足足三天，手里的马还是无人问津。马贩子想了很久，才明白其中缘由。懂得相马的人实在是太少了，普通人看不懂马的好坏，又怎么敢出重金去尝试呢？可是，若要专门请人来相马，花费又太多，实在是不划算。思来想去，马贩子终于找到了解决办法。相马在当时可是一门非常专业的技术，只有少数人才懂得，能靠相马出名的人更是寥寥无几，而伯乐就是其中之一。只要是伯乐看过并肯定的马，一般不会差，人们都相信他的评价。

　　要想请动伯乐相马，那必然得是千里马才行，马贩子手中的马匹虽然不错，但也没有达到这种标准，即使伯乐看过了也赚不了多少。更何况，他连相马的人都舍不得请，更不要说伯乐这样的名人了。但马贩子还是找上了伯乐，并提出一个非常简单的要求——不是专门来相马，而是请伯乐到市场上来时，先来看看他的马，走时再围着他的马转上两圈，做出恋恋不舍的神情即可。只要伯乐愿意做这件事，他这一上午赚来的钱都可以给对方作为谢礼。

相马需要花费精力，但转上一圈却轻而易举，于是，伯乐照着马贩子的要求做了，而周围的人因为有名的伯乐都这样欣赏马贩子的马，自然觉得这必然是好马。于是，伯乐走之后，原本无人问津的摊位一下子客似云来，马贩子的马被人们竞相求购，甚至价格翻了好几倍。最终，马贩子付给了伯乐一笔不菲的酬金，也赚到了超出预期的钱。

原本马贩子的生意和伯乐根本没有交集，虽然伯乐是个非常优质的资源，但马贩子既没有千里马那样的好马值得对方来相看，也没有足够的钱请这样的名人。可马贩子极具变通力，只要是有利于自己的，都可为自己所用，只是换种途径罢了。他用很小的代价借用了伯乐的名人效应，让对方成了自己的代言人，最终达成了一样的效果。

只要有变通力，哪怕是外界眼中的垃圾，也能用对地方变成资源。南北朝时期，北雍州刺史韩褒整治盗贼的经历就证明了这一点。当时，北雍州一带十分混乱，盗匪横行，百姓不堪其扰，怨声载道。韩褒上任刺史之后，下定决心除去盗贼，整治雍州的风气。他先是对当地情况进行了一番盘查，发现盗贼并不是贫苦百姓，反而因为经常打家劫舍而有钱有势。由于管理混乱，盗匪并不避人，老百姓甚至能细数一些人的名字、住处。在北雍州特殊的混乱背景下，盗匪势力已经逐渐往地方豪强转化了，他们甚至互相隐藏遮掩，以避开官府捉拿。

俗话说"强龙不压地头蛇"，韩褒面临的问题一下子困难了许多。但他并没有放弃，而是根据百姓提供的信息，先将其中一部分人请来，他对这些鱼肉乡里的恶霸很客气，没有直接说自己要整治他们，反而说："诸位都是有名望的，今天请大家来正是有要事商议，望你们能为民除害。"

韩褒将眼前的人都任命为"督盗总管"，令他们每个人负责一片地段，专门负责防盗。若是他们管辖的地方出现了盗匪祸患却没有抓住罪魁祸首，就认定为督盗总管故意放走了盗贼。

这些人听了，立刻吓坏了。本来他们并不怕刺史惩罚，因为当地很多人做了盗匪，大家拧成一股绳也是很大的力量，自然认为法不责众。可现在不同了，只有这几个人被任命为督盗总管，其他的盗匪却还是无人管束，到时候别人做的事情，岂不是就要由他们来背锅了？

韩褒"分而击破"的一招效果显著。其中有个胆小的家伙，当场就跪地求饶，如实交代了自己知道的一些抢劫、偷盗的案件，以求可以免去处罚。其他人一听，也都急忙附和，将自己知道的案件如竹筒倒豆子一般全说了出来。

韩褒利用这些信息建立了一份非常全面的盗贼记录册，然后在城门张贴了告示，要求做过盗匪的人一月之内去官府自首，便能免除罪责。不然的话，不仅要杀头，家产也要充公，没收的家产就奖励给那些主动自首的人。

　　原本互相遮掩的盗匪一听，立刻开始动摇。而那些已经被韩褒叫去封为督盗总管的人，都知道刺史手中有名单，盗匪们负隅顽抗也没有用，就偷偷给同伙通了消息。于是，十天不到，所有的盗匪都自首了，而韩褒查阅名单后，发现跟督盗总管提供的名单完全一致，没有一个遗漏的。

　　这些盗匪在韩褒的监管下，都为自己过去的罪恶付出了代价，从此洗心革面、自食其力，北雍州的风气随之一清，结束了以往的混乱局面。

　　原本盗匪集团是利益共同体，是铁板一块，但韩褒却巧用计谋分而治之，将一部分阻碍自己的"敌人"转化为"盟友"，借助对方的力量来打击另一部分成员，最终瓦解了这个团体，也解决了自己的问题。可见，只要变通思考，将一切资源为自己所用，垃圾也能变废为宝，敌人也可以成为最强力的帮手。

变通锦囊

　　原本看起来毫无关系的资源，只要你相信"一切皆可为己所用"，总能找到利用的方法。如果没有这种思维，在一开始就否定机会的可能性，绝不会产生后面一系列的转机和发展。

行动力是变通之基

决定你能走多远的，往往不是想象力，而是行动力。

俗话说："思想有多远，舞台就有多大。"但实际上，舞台只是我们所看到的无垠天空，真正能承托飞翔的翅膀是自己的行动力。没有行动，哪怕设想的世界再丰富多彩，我们也只能遗憾地与那些精彩失之交臂。

变通力，不是要我们在脑中空想，而是需要在产生想法后即刻行动，只有落实出来的结果才是变通力的体现。行动力是变通之基石，没有行动的变通就是空中楼阁、纸上谈兵，也无法捕捉到带来变革的契机。

小米的创始人雷军就是行动力"狂人"。他在大一时了解到乔布斯的创业故事，便想成为他那样成功的企业家，干一场惊天动地的事业。这样的想法并不稀奇，每个人都有年少气盛的时候，又有几个人没有畅想过未来的自己成为名人呢？但能将之付诸行动的人实在是少之又少，这就是成功的企业家和普通人之间的差别——他们不仅敢想，而且敢做，也有能力去做。

为了自己的梦想，雷军从大一就开始努力，他总是做班里最积极的那个，最害怕的就是落在别人后面。为此，他甚至戒掉了午睡的习惯，起因只是看到同学不睡午觉，忙着看书，这让雷军非常恐慌，担心别人学到了自己不了解的新知识。

对知识的渴求是他的动力，而行动力才是实现梦想的基石。雷军经过不断的努力，大二就修完了大学的全部课程，在武汉电子一条街颇有名气，编写的代码甚至被载入了母校的教材。尽管他只是个大二的学生，看起来十分稚嫩，但电子一条街上精明的老板们却都对他十分客气，甚至主动套近乎、请吃喝，因为他们都知道雷军是个有能耐的年轻人。这种能耐显然不是通过空想实现的，而是雷军一点一滴积累的，名气也不会凭空出现，必须靠他课余时间的努力。

因为有过人的天赋和极强的行动力，雷军大四时就创办了自己的公司，并认识了职业生涯的贵人求伯君。大学一毕业，他就加入了金山，并在日后亲自将这家公司送上市，即使到现在，金山仍然是中国首屈一指的软件公司。

之后，雷军投身于投资行业，作为天使投资人，他的成功案例数不胜数：迅雷、卓越网、凡客诚品、UC……这些当年颇有名气的 IT 企业背后，雷军功不可没。

2010 年，雷军转换赛道，再次创业。他瞄准了自己从来没有涉足过的硬件领域，做起了不被看好的手机行业，创立了新公司——小米。

十几年过去，如今的小米不仅是中国有名的手机品牌之一，也几乎成为智能家居的代表，所提供的一系列家居产品都深受人们好评。在虎扑论坛上，作为企业家的雷军有着 9.7 的高分，这是十分罕见的，网友亲切地评论他为"真正的草根企业家"。

2021 年，小米开始进军新能源汽车领域，雷军宣称这是自己人生中最后一次重大创业，他要压上自己全部的声誉。这一次结果尚未得知，但作为企业家，他前半生的商业活动得到了市场的认可，产品得到了消费者的认可，这已经是极为难得的了。能做到这一点，跟雷军的灵活变通是分不开的。

他拥有变通的思维，知道什么时候该做什么事，不会用固化的眼光去看问题。初入大学时他努力汲取知识，高年级时他寻求创业的机会，初入职场他从前辈身上学习企业管理的经验，而人到中年，他开始为了自己的事业再出发。

但仅有变通的思维，不足以支撑他做出以上成就，行动力才是他实现自己的抱负的关键。俗话说"想全是问题，做都是答案"，有时不需要想太多，想到就快点去做更加重要。不仅要思维变通，行动也要跟上，才能最快地抓住市场机会。

我们身边总有一些想法很多的人，他们往往思维很灵活，在遇到问题时总能从不同的角度提出犀利的看法，经常给出让人眼前一亮的见解，帮助大家打开解题思路。但他们又是"行动的矮子"，即使提出了好想法和好点子，只要一到落实这个环节就立刻偃旗息鼓。

就像我身边的朋友小张，几年前，他神神秘秘地告诉我他准备转去童书设计领域。"国家要开放'二胎'了，以后对孩子的教育这块一定会特别关注，童书市场绝对会迎来再一波的爆发。"小张笑眯眯地说，"现在看书的人越来越少了，各类图书市场都在萎缩，但只有一个群体一定不会完全转到电子阅读上，那就是儿童，我这也是为自己的未来谋出路嘛！"听了小张的话，我这半个外行也算是耳目一新，忍不住对他竖起了大拇指："你可真有先见之明。"

就这么过了半年，我问他进度如何，小张却说："等我把手里这套书做完，把工作交接了再说。"又过了一阵我再问，则得到了"最近忙着参加书展，等我有空再做做调研"的答复。等转年我再问，小张就说担心自己初涉童书市场会有风险，所以十分谨慎，准备再观望一阵。但以我对他的了解，保准又是因为手头的工作加上拖延心态，把这个计划再次搁置了。

小张似乎也知道这一点，叹息说："我前同事现在就在做童书品牌，听说都已经有模有样，连有声书都有几十万粉丝了。说起来，这个想法还是我启发他的。"话里话外，都是自己错失了入行的大好时机。

可这又能怪得了谁呢？小张虽然有敏锐的见识，能在许多人得过且过时就预见到行业的危机，并给自己找到了合适的出路，却最终败在了缺乏行动力上。但凡他能在有想法的时候立刻去做，哪怕没有其他人的好运气，现在也一定积累了许多经验和相关资源。

有些时候，人一定要果断一些，做出了判断和决定就立刻行动，往往能让我们少付出许多不必要的代价。提高行动力的秘诀，往往只是简单的"开始做"。

穷则思变，变则通畅，但这一切若是只停留在"思"上，永远无法走出末路穷途的困境。一条变通之路纵使有再多的好处，也要脚踏实地一步步走出来，迈出第一步或许需要莫大的勇气，但只要踏出去，循着道路方向往前走，并没有你想象中那么难。

只有变通的思维还不够，落实到行动上才能看到效果。有时候，做事最难的不是坚持，而是开始，克服开始的困境和拖延心理，最简单的方式就是"想到就去做"，要记住，行动才是变通的开始。

培养适应性思维

人生的不同阶段，期望一定是不断变化的：读书时，家庭对我们的期望是不负时光，尽量深入地汲取知识，给自己的人生筑底；工作时，社会对我们的期望是成为有用的人，在周遭激烈的竞争中脱颖而出；年老时，自己的期望是家庭幸福、身体健康，平平安安地度过晚年……

我们在不同的环境中扮演着不同的角色，承担着不同人对自己的期待，面对着不同的抉择。不管做什么选择，建立适应性思维都是非常重要的。适应性思维，就是顺应身边的变化，不固执、不盲从，像变色龙一样，随时根据身边的环境来改变自己的处事方法。

适应是一种变通，这种因地制宜的做事方法，能解决许多问题。老牌国货、民族企业海尔的经营者就具备这种适应性思维，他们懂得根据消费者的需求变革自己的定位，在"家电下乡"活动中，就做质量最好、物美价廉的产品，面向对生活质量有高要求的用户，就推出一系列科技感的高端产品，让自己在高、中、低端市场上都具有竞争力。在 20 世纪，海尔冰箱、海尔洗衣机就享誉全国，成为许多人童年时的回忆。当很多老牌子因为跟不上时代的发展，逐渐销声匿迹、隐于江湖时，提到中、高端国产家电，人们第一时间想到的往往还是海尔。

海尔不仅懂得做产品，也很会做口碑、做品牌。在电视机逐渐普及的时代，海尔集团立刻推出了以自家吉祥物为主角制作的动画片——海尔兄弟。20 世纪八九十年代出生的孩子对此可能并不陌生，小时候大家跟着动画片里两个聪明的小男孩一起探险，长大后才意识到，深藏在自己童年回忆中的经典角色是海尔集团的两个吉祥物。海尔用这种巧妙的文化宣传，陪伴了一代人成长，也将自己的品牌与人们的童年记忆绑定在一起，自然会产生亲切感，这是非常高明的品牌文化宣传手段。

在大方向上，海尔走对了道路，但它的成功也离不开具体工作中的灵活变通。虽然 20 世纪 90 年代还没有"用户画像"这个说法，但具有适应性思维的"海尔人"懂得最朴素的道理——要做消费者想要的产品。当时，海尔洗衣机的市场份额在西南大区逐渐下滑，尤其是四川农村地区的投诉日渐增多。这种具有地域特点的反常现象引起了海尔集团的关注，为什么其他地方的客户没有不满，但农村用户却经常反馈洗衣机质量差呢？

海尔立刻派遣专人调查，在深入探访后发现，洗衣机在农村的用处是多元化的——除了洗衣服，老百姓还用它清洗收上来的土豆、地瓜。这些洗干净的土豆更容易卖上价格，但代价是清洗下来的泥巴很容易堵塞洗衣机的排水管，给农民带来了新的烦恼。

这可真是一个让人哭笑不得的真相，大多数人第一时间的反应一定是：洗衣机怎么能洗土豆呢？可作为产品服务商的海尔，却没有忽视客户这个独特的要求。产品就是为了顾客服务的，既然消费者有这样的需求，产品就应该相应地做出改变，怎么就不能开发出两用的洗衣机呢？海尔的研发将洗衣机的排水管加粗，经过调试和整合研制出了多功能洗衣机，立刻投放进了市场，专门解决当地的问题。果然，这个特殊的型号很快得到了西南地区农民兄弟的认可，海尔再次获得了良好的口碑。

由此可见，具有适应性思维是多么重要。外界的需求和矛盾是一直存在的，只固守己见，很难开拓市场，而适应环境、改变自己才能得到认可。做生意如此，做人也是如此，具有适应性思维的人，才能在任何困境下都经营好自己的人生。

长辈吴叔退休前是一家建筑公司的副总，因为一贯性格耿直，与总经理经常产生摩擦。按理说，招惹了顶头上司，日子一定不会好过，更何况这位总经理着实称不上是个宽和的人，但吴叔的日子却依然过得很滋润。因为他在公司的地位很特殊，称之为金字招牌也不为过。

很多人跟他们公司合作，都不是因为公司的名气，而是看在吴叔的口碑上。能做到这一点，一方面是吴叔的工作能力很强，在业界有名，另一方面就是他做事耐心、负责，还很会沟通，每次对外合作都能给合作方留下好印象。吴叔非常懂得适应周围环境对自己的要求，该讲技术的时候就展现自己的靠谱、专业和认真，眼里不揉沙子，该讲关系的时候也能与周围人打成一片，从来没有所谓的知识分子的架子。

退休前两年，他被派到县城出外差，合作一项政府工程。这份工作需要下工地盯着，责任又重大，可谓费力不讨好，总经理就把这个项目给了他看不顺眼的吴叔。

没想到，吴叔办事踏实，做事细心，还很会沟通。他深入基层，经常在现场一待就是一整天，逢年过节还请大家吃饭、给工人放假。工头原本觉得吴叔是个"大专家"，跟他很有距离感，后来却相处成了朋友，他不仅佩服吴叔的专业技术水平，也愿意听吴叔的话，工程自然进展顺利。而跟甲方沟通时，吴叔又着力展现自己的专业和细心，给甲方留下了很好的印象。

后来，当地与他们公司合作另一个项目，总经理本想把这个顺手的项目交给他选定的人，没想到对方根本不同意，指名要交给吴叔负责，最后总经理只能不甘心地把整个工程都交给了吴叔。

吴叔在行业里打造了自己的影响力，进一步提升了他的个人价值，让他的名字成为行业里的通行证，自然没什么人能影响他的职业道路。在工作中，他懂得适应性思维的重要性，在合适的时间展现出恰到好处的形象。如果吴叔在技术同事面前摆出圆滑的姿态，做一个"好好先生"，动不动就是"这也行""那也可以"，大家怎么能信任他的工作能力，将关乎人命的建筑工程放心地交给他呢？同样，如果吴叔在一线工人面前咬文嚼字，只知道纸上谈兵，带着专家的派头指指点点，工人也只会表面尊敬，不可能真心服气。

我们做事的最终目的是把事情干好，过程中不妨灵活多变一些，做个"变色龙"并非不可。只有先适应了环境，懂得变通，才能做成事，最终成为有能力改变环境的人。

做人做事要懂适应环境的重要性，明白人生不是做习题，不存在时刻正确的标准答案。评价"优秀"的标准是根据环境而变化的，随时根据环境要求调整自己，才是成事的关键。

打破僵化的"榆木脑袋"

　　做人要讲原则，做事要讲究灵活，最忌讳的就是处事时思维僵化，只知道一种解决办法。变通力的核心就是"变"，万事万物皆可变，时刻保持积极主动，思考每件事内藏的问题，做出及时的判断，切忌"榆木脑袋""一根筋"。

　　这个为人的道理，放在从政治国上也是一样。春秋战国时期，秦孝公想任用商鞅在国内实行变法。但变法就意味着要打破过去的规制，秦孝公担心这会引起国人的反对和议论声，十分犹豫。

　　商鞅力劝秦孝公："行动若是瞻前顾后，就很难做成事业，想法犹豫不决，就离成功越来越远。要做常人做不到的事，一定不被世俗理解，就像那些见解独到的人往往被人排挤嘲笑。只有聪明的人才能预知将来要发生什么，那些愚蠢的人只怕事成之后都不明白其中的道理呢！"

　　商鞅认为，世俗之人目光短浅，要做出长远的打算就一定要有远见和理想，能扛住非议与压力，才能做出常人无法企及的成就。大业初创时，不能指望百姓做自己的谋士，但成功之后可以与国人分享快乐，这就够了。所以，商鞅劝说秦孝公要有圣人的气度，只要是能让国家强盛的事就可以做，不用拘泥于已有的规则、礼制。

这便是"是以圣人苟可以强国，不法其故；苟可以利民，不循其礼"。在当时，这是非常具有创新性的思维，人们将旧的法令和礼制当成金科玉律，轻易不愿意动摇，思维往往被禁锢在过去的框架之中。即便是有雄才大略的秦孝公，也会因为担心被人非议阻挠而不敢创新。

但商鞅却不这样想，他认为只要是于国有利的改变，就应该顺应，而成大事者注定不会被人理解，但只有这样才能做成事。他思索一个问题只从结果出发，只要最终结果是好的，并不惧怕打破窠臼。

秦孝公听了商鞅的话，非常赞同，但是保守派的大臣甘龙却反对，他认为圣人不改变民俗来教育百姓，不用费力就能成功，沿用旧的制度治理国家，不仅官员熟悉如何做事，百姓也会安心。继续推行现有的制度，政令推行就像河流中的水奔流而下一样顺畅，为什么非要花功夫去开凿新的河道呢？

商鞅否认了这种说法，正因为大多数人这样想，所以"常人安于故习，学者溺于所闻"，大家都藏在了自己的舒适圈里，而这样的人只能奉公守法，充当被管理的人，不足以谋划改革和成就大业。

商鞅的话说中了秦孝公的内心，最终他重用商鞅实行了变法，让秦国进一步强盛起来，最终为秦统一六国、结束乱世奠定了基础。历史证明，商鞅的话是正确的，他的眼光超出了时代，即使不为当世所容，依旧万古流芳。

我们的祖先在两千年前就懂得思维不可僵化，要坚持创新、不落窠臼的道理，现如今人们更应该懂得它的重要性。

威尔蒙特·哈斯廷斯是网飞（Netflix）的创始人之一，Netflix自 1998 年开始，就作为一家 DVD 租赁公司在美国市场上享有极大声望。但哈斯廷斯并没有被 DVD 市场上的成功蒙住眼睛，而是居安思危，始终站在原本的成功模式和经营框架之外思考，积极推动Netflix 转型，使其成为全球最大的在线流媒体平台之一。

一开始，Netflix 主要以邮寄 DVD 的方式提供租赁服务，但在2007 年，对科技和市场的敏锐触觉，让哈斯廷斯意识到未来的趋势是数字化媒体。他在公司内部发表了一次讲话，说："我们不能让自己一直陷在过去的成功中。数字化媒体是未来的方向，我们需要转变为一家在线视频服务公司。"

一些员工非常担心，因为这将是一场极具挑战性的转型，涉及技术、版权、用户行为等多个方面。最重要的是，在这之前他们从未涉猎过这个领域，完全不懂该如何运作。但哈斯廷斯没有因此退却，他的决心和敏锐的洞察力让 Netflix 成功地从 DVD 租赁转型为在线视频流媒体平台，获得了巨大的成功。

Netflix 的成功并没有让哈斯廷斯停止思考，相反，他继续寻求创新的机会。在流媒体市场竞争激烈的时候，他又开始思考公司的出路，最终决定将公司的焦点转向原创内容制作。哈斯廷斯再一次对员工说："我们不能仅仅依赖于购买其他公司的内容，而是需要创造我们自己的独特优势。"

这一决策又被一些人质疑，因为原创内容制作需要庞大的投资且风险难以预估，但哈斯廷斯坚信这是公司持续发展的关键。如今，Netflix凭借一系列成功的原创节目和电影，巩固了自己在流媒体市场的领导地位。

如果哈斯廷斯是个不开窍的"榆木脑袋"，只知道坚持经营DVD生意，伴随着科技的发展和DVD的退场，只怕他的公司也早就消失在时代浪潮中了。正因为他思维不僵化，不仅努力从内部变革，也向外寻找机遇，才能通过转型、开拓市场来一次次挽救自己的公司。

哈斯廷斯敢于放弃旧有的成功模式，迎接新的挑战，才为公司的成功奠定了坚实的基础。这启发我们，当思维灵活起来，才能跳出原本的框架进行思考，找到新的解决办法。

变通锦囊

　　成功的人都是灵活的，知道解决问题不仅要聚焦于问题本身，破局的关键在于"打破"，打破原本的平衡就是破除僵局，这就是变通力的关键。

第二章

做人守底线，做事讲变通

世情如水，以柔克刚

古语云："飞鸟尽，良弓藏；狡兔死，走狗烹。"位极人臣往往受到上位者的猜忌和下位者的嫉妒，普通人也面临类似的困境。不是人人都有张良的智慧，能在得意之时急流勇退，行事低调、保全自身。所以，便要时刻提醒自己，在矛盾和问题面前不要硬碰硬，懂得以柔克刚、连消带打，才是最佳的处世原则。

汉代时，位列三公的公孙弘是个非常节俭的人。他年幼家贫，节省度日的道理已经刻在骨子里，即便位极人臣也不曾更改，睡觉时都只盖着粗布被子。朝中同僚知道了，有的人赞誉他有节俭的风范，有的人却不以为然。汲黯知道后，就抨击公孙弘："你明明有很多俸禄，却还是只盖着粗布的被子，这不就是沽名钓誉的行为吗？不过是为了求一个节俭的好名声罢了。"

汲黯觉得公孙弘在作秀，对此不屑一顾。而汉武帝听说后，就问公孙弘："汲黯说的都是真的吗？"

面对这样尖锐的批评，公孙弘是这样回答的："汲黯说的没错。正因为他跟我在朝中关系最好，而且非常了解我，才敢这样当面指责我。我拿着三公的俸禄却还是只盖粗布被子，的确有沽名钓誉的嫌疑，而汲黯能批评我，正是因为他性格耿介正直，对陛下十分忠心啊！"

汉武帝听到公孙弘居然没有替自己辩解，反而主动承认了自己的错误，还为汲黯说好话，只觉得公孙弘是一个大度、谦让且诚恳的人，不仅没有产生嫌隙，反而更加尊重他。

当别人提出了尖锐的批评，如果一味地否定和解释，很难使大家完全相信。就像汲黯批评了公孙弘，不管他如何说，大家都会先入为主地产生怀疑。所以，公孙弘并不为自己辩解，反而大事化小，直接承认了自己确实有这样的嫌疑，倒是让人觉得他诚恳大度、不计前嫌。

这一招以柔克刚，和风细雨地化解了原本针尖对麦芒的状况，不仅没有激化矛盾，还使上位者和同僚都对自己有了更高的评价，公孙弘的变通之法是值得学习的。遇到矛盾不要硬碰硬，先认可对方的想法，表达自己的低姿态，反而更容易获得别人的亲近。

做事要干脆利落，但做人要懂得"嘴甜"的好处。多说几句软话并不会让人觉得我们好欺负，适当展现柔软的一面，也能拉近与同事、客户之间的距离，起到意料之外的效果。

同事柳小姐就不懂这个道理，她的性子很别扭，俗语说就是"刀子嘴，豆腐心"。即便她早已明白，关心别人、表达爱意不是一件丢脸的事情，但还是改不了一贯的个性。

譬如，公司新来了同事，上司让大家带他熟悉情况。所有人都对他热情相待，这个说句"有问题你就来问我，别客气"，那个说句"随时欢迎，有啥难处就提"，和谐得好像一家人。只有柳小姐，站在圈子外端着自己的咖啡杯，只在对方看过来的时候露出个笑容，什么也没说。

第一次，新同事做错了报表，是柳小姐给他收拾了烂摊子。他特别感激，凑过来小心地说了第一句话："太感谢了，刚来就麻烦你帮我忙，回头请你吃饭！"

柳小姐深觉自己没帮什么，连忙客气道："随手的事，这么简单的工作还用你请吃饭？我真没做什么，别客气。"同事听了，反而表情尴尬，不好意思地走了。

第二次，柳小姐给新同事做系统培训，看他有些无从下手，就鼓励道："这都是常用系统，你还能不会做？怕什么啊？"同事为难地看了她一眼，支支吾吾了半天，才吐露了实情："我确实没接触过，不太懂。"

两次之后，她就发现新同事开始躲着她了。明明柳小姐帮助他最多，但是办公室里，新同事对她似乎最疏远。

"听说他觉得，我高傲难相处，甚至看不起他……"柳小姐郁闷地对我们控诉，"我是真冤枉啊！"

后来新同事才相信，柳小姐真的是个善良的姑娘，只是不太会说话。那距他们认识已经近半年了。

一次说错的话，用了半年的时间才弥补过来。所幸他们有足够的相处时间，低头不见抬头见，总有"日久见人心"的一天。但若是一个偶尔见面的、熟悉的陌生人呢？恐怕一辈子都要抱有这样的偏见了吧！

做事用心却不会说好话，有时分明满怀善意地对人，却偏偏要嘴硬，生怕跌掉了自己的骄傲和自尊，结果也只能是"吃力不讨好"了。不仅面对矛盾和危机的时候，要懂得"柔"的力量，在平时也要将以柔克刚的道理记在心间，行动上可以雷厉风行，语言上让人如沐春风，就能让人体会到你的用心和好意，事情自然更加好办。

　　遇事不要硬碰硬，对方越是强硬，越要避免发生激烈的矛盾，用柔和大度的态度去应对，让人有"一拳打到棉花上"的感觉，才能尽量将问题的影响控制到最小。同样，做人也要学会以柔克刚，姿态友好、多说好话，更能让人体会到你的善意。

隐藏锋芒，韬光养晦

越是发展顺遂时，越要懂得"木秀于林，风必摧之"的道理，用适当示弱来自我保护，在强弱之间灵活变通。对位高权重或风头正劲的人来说，这个道理尤为重要，很多人就是不懂烈火烹油、鲜花着锦的危险，在风光的时候被眼前的顺利迷了眼，忽略了潜藏的嫉妒和危险，忘记了自身越强时，越要懂得示弱的道理。

晚唐时期，郭子仪作为一位杰出的将领，屡立战功，被封为汾阳王。王府建在长安，很快就成为众人关注的焦点。与其他高官显贵之家大门紧闭的状态不同，郭子仪选择将府门敞开，允许人们自由进出。

一天，郭子仪帐下的一名将官要调离，前来王府告别。这位将官知晓王府可以随意进出，便毫不犹豫地走进内宅去寻他。不巧的是，将官正好目睹了郭子仪的夫人和女儿将王爷当作仆人使唤的一幕。

她们一会儿让郭子仪去端水来洗脸，一会儿让他帮忙递手巾，把郭子仪使唤得团团转，一点一家之主的气度都没有。尽管做下属的将官不敢当场讥笑，但回去后却将这一幕讲给了家人听。消息迅速传开，郭子仪在家中惧怕夫人、女儿的事情成为京城的笑谈。

郭子仪的儿子们听闻此事，觉得父亲的威严受损，纷纷提议关闭大门，限制外人进出。一个儿子说："您建功立业，功绩显赫，本应该得到天下人的敬重，但您为什么不尊重自己呢？这样敞开大门让人出入内宅，都要成为长安的笑柄了。"

面对这个合情合理的要求，郭子仪深思熟虑后，收敛笑容，起身对儿子们说："我敞开府门，并非为了追求虚名，而是为了自保。我能得到现在的爵位已经是极大的富贵，但盛极而衰是必然的规律，到时候会有多少人盯着我呢？在这个时刻，我是进退两难。如果紧闭大门，稍不留神就会让小人捏造陷害我的把柄，万一他诬陷我对朝廷怀有二心，就会给郭家带来灭顶之灾。"

正因如此，郭子仪才故意将大门打开，一方面显示自己问心无愧，家中并没有阴私，以打消朝廷的顾虑，也不给小人陷害自己的机会；另一方面，郭子仪适当地示弱，让别人看到自己在家的低姿态，任凭别人议论自己怕老婆，看到他弱势的一面，让人觉得抓住了他的短处。一个毫无弱点的人，有时很难得到别人的信任。适当表露出自己的短处，既能让人产生亲切感，也能在一定程度上打消对方的妒忌，保住自身安全。

这样的道理，放在现在的职场上也同样适用。小张是一家科技公司的年轻工程师，凭借扎实的技术能力和出色的项目表现，迅速在团队中崭露头角。然而，随着小张的晋升，一些同事开始表现出对他的嫉妒情绪。特别是，同事小王一直觉得自己的才华没有得到足够的重视，对小张的成功表示十分不屑。

为了缓解团队内部的紧张气氛，小张决定适时示弱，以打破冰冷的关系。一次分享会上，小张主动坦诚了他在一个新项目中遇到的困难和挑战。他坦言道："这次我们做的项目是之前从没有接触过的，团队对于新一轮数字化工具的使用不是很了解，难免耽误了时间。所以今天的分享会，我们就是来向大家请教的，尤其是王工对这方面很有研究，我特别希望您能不吝给予我们支持。"

他坦诚自己在某个技术领域还存在一些不足，需要团队建议。这次的分享不再是以往光鲜亮丽的状态，而是展现了小张作为一个团队一员同样会遇到困难的一面。

小王看到小张这么给自己面子，还主动点名给了自己表现的机会，自然十分积极。分享会结束后，看到大家围着自己问东问西，小王终于有了被重视的感觉，他不仅觉得自己的才华得到了施展，也跟小张产生了惺惺相惜的亲近之感，心中的嫉妒也慢慢打消了。

而小张通过示弱，建立了一种真实和坦诚的职场形象，同样赢得了同事的尊重。懂得示弱，表明一个人有足够的谦卑和智慧，能够在团队中接纳他人的意见和帮助，提高整体工作效能。

所以，在自己已经通过强大的实力得到周围人的信任时，也不妨适当地示弱，给其他人帮助自己的机会。只有一方无止境地付出，没办法构成稳定的合作关系，只有彼此站在平等的位置上，关系才能长久和稳固。

越是时运强盛、一帆风顺，越要学会示弱。如果过于高调，可能会引来不必要的纷争和嫉妒，甚至可能成为他人落井下石的对象。低调做人不仅是为了自身安全，也会让我们在复杂的人际关系中更加从容自如。这是一种智慧，是在强弱之间变通的真理。

做人讲究能屈能伸

《易经》有云："尺蠖之屈，以求信也；龙蛇之蛰，以存身也。"人生起起落落不定，在失意的时候能蛰伏忍耐，才能等到扬帆远航、大干一场的机会。

自古以来，能成大事的人都懂得能屈能伸的道理。没有人永远打顺风局，在逆风时，不断冒出的困境和周遭压力就如风霜雨剑般催逼不止，此时更应该懂得"屈"的重要性，要有变通能力，不要咬牙硬抗。在狂风之中，坚挺的树干容易折断，但柔韧的绿草却总能存身，一时委屈是为了长久地保存实力，只有这样才能等到转机。

秦灭后，楚汉相争，刘邦和项羽争夺天下。刘邦麾下有一员猛将韩信，兵法卓绝，被称为"兵仙"，后世亦有"言兵莫过孙武，用兵莫过韩信"的极高评价。他在刘邦战胜项羽、一统天下的过程中立下了汗马功劳，西汉初建时先后被封为楚王、淮阴侯。

被封为王侯的韩信，年少时却十分穷困。母亲去世后，他身为平民又没有一技之长，落到了身无分文、无法养活自己的境地，经常在周围人家里蹭吃蹭喝，成为人们眼中的无业游民，被所有人嫌弃。一个在河边洗衣服的婆婆见到了饥肠辘辘的韩信，十分可怜他，便常常请他吃饭，这令韩信颇为感动。沦落到向漂母讨食的地步，可见韩信当时的状况极差。

即便如此，韩信内心仍有建功立业的志向，他常年背着一把大剑，只是从来不见剑出鞘。因此，很多人暗自鄙夷韩信，觉得他是一个没出息的窝囊废。在老家的市场中，经常有年少无知的浑小子讽刺他，有一天，一个家伙在众人面前羞辱韩信，说："虽然你长得人高马大，还背着刀剑出入，但你的内心却是个十足的胆小鬼。"韩信并没有因此动怒，对方见状更加张狂，便拦住了韩信挑衅说："如果你不怕死，就拔出剑刺我，要是怕死的话，从我的胯下爬过去我就饶了你。"

韩信看了他半晌，最终沉默地从对方的胯下爬过，然后拍拍衣服扬长而去。众人先是惊讶，之后便是哄然大笑。所有人都觉得，韩信就是一个懦弱无能的家伙，这辈子都不会有出息。

被称为"兵仙"的韩信，可谓是有勇有谋，绝不会打不过一个无赖。只是在当时的处境下，与无赖争一时之气又有什么用呢？如果韩信是宁折不弯的个性，当场暴怒拔剑伤人，只怕他还没有完成自己内心的志向，就要被当地官府拉去砍头了，历史上也将不会有一个勇武过人的淮阴侯。大丈夫就应该如韩信一样，不拘小节、能屈能伸，在值得的地方勇于冒险，在形势不如人的时候暂避锋芒。

韩信能受胯下之辱，即便一时丢了面子，但只要他能实现自己的远大志向，这些过往的笑柄便会成为能屈能伸的美谈。所以，才有"留得青山在，不怕没柴烧"的说法，俗语虽直白，自有其道理。

无独有偶，除了韩信之外，历史上太多的例子证明了能屈能伸的重要性。

越王勾践曾败于吴国，被困会稽，一度十分失望，贤臣文种劝说他："汤系夏台，文王囚羑里，晋重耳奔翟，齐小白奔莒，其卒王霸。由是观之，何遽不为福乎？"商汤、周文王、晋文公重耳、齐桓公小白都曾经遭遇过囚禁或流亡，但并不妨碍他们成为称霸天下的王者。既然这样，一时的委屈说不定也是福气。勾践因此卧薪尝胆，暗自发展国力，重用范蠡、文种等人，终于带领越国灭亡了吴国，成为一方霸主，最后寿终正寝。

刘备在实力弱小时，也曾在掌控朝堂的曹操面前做小伏低，屈膝忍让。两人青梅煮酒论英雄，刘备深谙韬光养晦的道理，不曾展现任何野心，但曹操多疑多智，步步紧逼，最终说出一句千古名言："天下英雄，唯使君与操耳。"

刘备听此一言，宛如石破天惊，只觉自己隐藏得极深的志向被对方看穿了，连手中的筷子都握不住，当场掉落在地。正当他不知如何解释这种慌乱时，听闻外面有惊雷声传来，立刻掩饰道："一震之威，乃至于此。"曹操一听刘备胆子如此之小，认为不足为虑，这才放过了刘备。

若没有当时的委曲求全，刘备就不能等到日后招兵买马、经营蜀中的那一刻，也不可能迎来魏、蜀、吴三足鼎立的时代。作为天下之枭雄，自然懂得何时屈伸。

　　王阳明半生坎坷，明明身怀大才、允文允武，却遭命运捉弄。他下过诏狱、挨过廷杖，也曾被贬龙场、因功遭忌，甚至曾被人诬陷谋反，将能吃的苦头全吃了一遍。但在困境之中，他始终保持希望、坚持思考，最终在贵州龙场悟道成圣，创立了"心学"。

　　即便是圣人，也免不得经历起起落落。在困境中学会忍耐，在低谷时收敛锋芒，才能等到"大鹏一日同风起，扶摇直上九万里"的日子。当形式不利于自己时，暂时退却并不是畏惧懦弱，而是韬光养晦、积蓄力量，等到形势有利于自己时，再整装前进，往往会有更好的结果。

　　冯梦龙在《智囊》中也曾说过，人应该和动物一样懂得屈伸之道，在形势不好的时候，以屈为伸保全自己，才能避免大厦倾覆带来的灭顶之灾。懂得屈膝的人，往往能爬得更高，正是这个道理。

"会表现"是一种夸奖

达尔文说过："在漫长的人类史上，占优势的永远是那些能够学会合作和即兴发挥的物种。"懂得跟别人合作是基础，而会表现则能将我们的个人价值放大。有变通力的人不会拒绝表现自己，做人要低调，但做事要高调，在不同场景下灵活变通，才能最大限度做到"会做又会说"。所以，不要怕做一个"会表现"的人，这并不是一个贬义词，有表现能力是对我们的褒奖。

在我身边，某知名互联网企业的中层小徐就是一个很会表现自己的人，所以许多人说他运气很好。这句话的表面意义是夸奖，潜台词则多少有些不屑，觉得那些善于表现的人就等于善于钻营，是工作不上进只会做表面功夫的表现。但如果他们能积攒一些职场经验，就会发现，展现自己是职场人必备的基本技巧。如果能像小徐一样，擅长将自己的价值100%甚至是120%展现出来，不知道是多少人羡慕的能力。

此前，小徐在某笔记本公司工作。由于公司不实行打卡制度，大家上班的时间都比较随性，有许多人会迟到早退，新职员也很快适应了这种气氛。只有小徐始终坚持自己的习惯，准时上班，准时下班，只要不是极端天气一直如此。

"准时上班让我觉得生活更有规律，也是一种对自己而言的积极态度。"小徐说，"虽然外界没有压力约束我，但我觉得这样不但对自己有好处，也能表现出我的工作态度，让大家知道我是一个认真工作的人。"

当然，小徐并不是一个为了表现自己间接给同事施压的人，他不会刻意早起晚归，只要完成了工作，永远准时下班，同事也就不会因此产生太大压力。但小徐坚持准时上岗的态度，让大家很快意识到这个年轻人有自己的工作原则，也有自律的能力。

对小徐来说，早一点到办公室并没有太大损失，因为在办公室里他的经验最少，所以工作效率低一些。如果跟同事一样弹性打卡，晚上加班的时间就会更久，不仅很容易打乱自己的作息，遇到问题时也找不到人可以咨询。小徐从细节上默默表现自己的优点，不仅能得到大家的好感与肯定，也让他有更多机会可以跟前辈学习。

除此之外，小徐也很会汇报、包装自己的工作内容。有段时间他忙于进修，手上的工作项目遇到了麻烦，推进得很慢。提交月度报告时，小徐发现自己的工作量是上个月的一半，不说跟别人比，跟自己之前的工作比起来也非常明显。看着自己汇报文档里可怜的数据，小徐有点着急。尽管进修的机会也是公司安排给他的，但领导可能未必会放在心上。他只会在看月度总结时，觉得小徐的工作量比别人少，或许就会觉得他最近工作懈怠。

小徐考虑半天，先是决定在领导面前巧妙地提起自己最近进修遇到的几个困难，和领导进行讨论，暗示对方自己有专心进修学习，让领导想起这件事。然后，小徐把自己的月度报告汇报形式从文档变成了幻灯片，通过新颖的汇报方式让自己的工作内容看起来丰满一些。精美的幻灯片不仅体现出小徐对这项工作的重视，而且也让原本干巴巴的文字描述变得更加丰满，可以通过图片承托更多信息。通过对一些数据的细致分析，小徐放大了项目中的细节，不仅让领导对项目进度有了更深的了解，还产生了一种"取得显著进展"的错觉。

果然，通过这种方式，小徐成功地避过了月度考核的难题，不管领导是否意识到他的小花招，至少他用自己的方式弥补了工作中的不足，展现出了自己对工作的重视。

有些时候，当你做了100%的工作，却只能展现出80%，并不代表谦虚，只是自己不会表现而已。能放大自己的价值，为什么不因此而骄傲呢？

我们可以在许多方面表现自己，展示自己的优势旁人才能意识到你的价值，但许多人排斥表现自己，甚至认为"枪打出头鸟"，不论好事坏事，喜欢出头都不值得推崇。这类人信奉沉默是金，生怕自己表现扎眼，招来祸患。这也许避过了潜在的危机，但也可能会错失许多机遇。

所以，做事的态度一定要灵活，在敏感时刻保持沉默自然能避免惹火上身，但过于谨慎难免让自己瞻前顾后，成为一个"隐形人"。一定要有变通的处事态度，懂得在适当的时候表现自己，才能体现自己原本的能力，赢得应有的回报。

变通的处事办法讲究因地制宜，不能一味张扬引起他人的反感，但也要抓住机会表现自己。若是只顾埋头苦干，却不知道展示自己的工作能力，就像将头埋在沙子里的骆驼或不知疲倦的老黄牛，永远不知道他人怎样看待自己，也错失自己应得的待遇。

出牌不必按常理

变通力的重点是灵活，做事不要拘泥于旧俗，不按常理出牌往往能有意料之外的收获。一举一动都遵循常理，就很容易被别人看穿，被他人抓住把柄，处处被人牵制、陷入被动。若是不按常理出牌，就像一条滑溜溜的泥鳅，谁也摸不清你的套路，自然也就无人知晓你的底牌，可以活得更加自在。

春秋时期，周王朝逐渐衰落，诸侯国之间暗流涌动，人人都想成为新的霸主。宋襄公因为其地位特殊，是商王后裔、诸侯国中的"三恪"之一，便十分高调地邀约各诸侯在鹿上会盟，并按照周王赐予的爵位高低给各国国君安排了登坛的次序，俨然一副天下霸主的姿态。

这引起了楚成王的不悦，宋国论实力不如楚国，楚成王自然不愿让宋襄公占了上风，但他还是同意参加诸侯会盟。宋襄公的庶长兄目夷看出了楚成王的心思，非常担心国君的安危，提议让他带着军队护卫，提防楚国的威胁。

宋襄公没有听目夷的话，还担心万一在他走后，目夷自作主张派兵护驾，坏了他的好事该怎么办呢？于是宋襄公不仅自己不带

变 通

兵，还带上了目夷一起去赴宴。

会盟时，诸国国君都按时赶到，当宋襄公想以盟主的身份发号施令时，楚成王突然发难，同时楚国的随从全部脱去厚厚的礼服，露出了内里藏着的铠甲和戎装，将措手不及的宋襄公捉了起来。楚成王当场细数宋襄公的罪状，决定攻打宋国。而此时，目夷已经趁乱逃走，先一步回到宋国做好迎敌准备。

正当楚成王挟持宋襄公作为人质，准备威胁宋国主动投降时，宋国那边传来了目夷继位的消息，楚成王一下子功亏一篑。原本握在手中的"王牌"——宋国国君瞬间变成了烫手山芋，价值远不如前，还怎么威胁对方？

楚王只好软化了姿态，问宋国使臣，若把宋襄公送回去，宋国能送来什么作为谢礼呢？宋国使臣却说："原来的国君被你们挟持，使宋国受辱，现在新君继位，你们放不放他已经无所谓了。"

宋国使臣这种毫不在意的姿态，完全出乎了楚成王的意料。他看到自己辛苦抓来的人质一下子没了价值，气急败坏地不再协商，想强攻宋国。结果宋国早有预谋，防守固若金汤，接连三日没有任何进展，楚国只好退兵。

既然没有达成攻占宋国的目的，留着一个前国君也没用了，楚成王就下令释放了宋襄公。没想到，目夷听说之后立刻派人将自己的弟弟接回，依然让宋襄公当国君，自己安心做臣子。

原来目夷继位只是权宜之计，为了不跳入楚国人挖的陷阱，目夷急中生智，不按常理出牌，彻底打乱了楚成王原本的计划，让宋襄公不再有威胁宋国的价值，也减轻了楚成王对他的关注，不失为另一种保护。这样一来，宋国免去了灭国的危险，宋襄公也保住了性命。

汉光武帝刘秀统一天下时，派麾下将领寇恂去攻打敌将高峻所占领的高平第一城（今宁夏固原）。当时，天下大势已定，高峻不过是负隅顽抗，刘秀便说："能招降最好，若是不从就将其剿灭。"

寇恂领命而来，高峻便派出了自己的军师皇甫文前来交涉，目的是探听一下朝廷的口风。皇甫文便表现得十分傲慢，想根据寇恂的态度判断朝廷是否有招降的意思，甚至口出狂言说："就算是刘秀小儿在此，我也不跪！"

寇恂听闻，拍案而起，立刻令人将皇甫文拖出去斩首示众。可自古以来都有"两军交战，不斩来使"的规矩，哪有朝廷的军队带头违反的道理？其他将官立刻站出来阻拦，但寇恂坚持如此，皇甫文就这样丢了一条性命。

消息传到了高峻耳朵里，他立刻吓破了胆，不出半天就打开城门投降了。原本久攻不下的高峻，竟然这样容易就归服于朝廷，将领们都十分惊讶。

一人问道："当初高峻严守城池，毫无投降之意，为何现在变化这么快？"

寇恂这才解释说："那皇甫文是高峻的心腹，他之所以如此傲慢，就是为了刺探我们的态度。若是不杀皇甫文，高峻必然知道我们是来招降的，自然就有恃无恐了，只有杀了皇甫文，才能让高峻明白朝廷的决心。"

虽然寇恂打破了常理，违背了过去不成文的规定，却也因此戳穿了高峻的筹谋，让他慌乱之间做出了投降的反应，大大减少了招降过程中的阻碍。

　　所谓的"常理"，不过是常人从经验中总结出的道理，不一定非要遵守。在需要变通的时候，常理反而是一种思维束缚，让我们被前人的经验所限制，无法走出自己的路，反而容易被人摸准心思。既然这样，不如偶尔不按常理出牌，打对方一个措手不及，为自己赢得更多机会。

　　不按常理出牌，就是做出他人意料之外的反应，反而很容易试探出对方的想法，又或者将被动转为主动，使双方攻守倒转，为自己增加赢面。

学会借势而为

房玄龄在《晋书·宣帝纪》中写道:"顺理而举易为力,背时而动难为功。"顺应大势所趋,成事会更容易,这绝不是走捷径,而是一种自古而来的人生智慧。

即便是天才一样的人物,背时而行也不能获得好结果。王莽篡汉之时,尽管他谋略、智慧、势力都超出常人,但做出了冒天下之大不韪的事,一样遭人唾弃、结局惨淡。可若是他生在东汉末年群雄并起之时,王莽便会成为一呼百应的英雄豪杰。正所谓"时势造英雄",个人的力量总归是有限的,还是要借助大势,凭借好风,才能直上青云。

雷军曾说过:"站在风口上,猪都能飞起来。"他少年成名,大学毕业时就加入了金山,研发中国人自己的办公系统。当时,金山的目标是与 Windows 和 Office 竞争,这些年轻人面对如此大的竞争压力毫不退缩,花了三年的时间,将全部精力都放在了手中的研发项目上,发誓要把"金山盘古办公系统"做成能跟 Windows 对标的产品。

但天才的加入并不保证成功,1995 年,金山的盘古系统上线了，但销量远不如预期，半年时间里只售出了不到两千套，还不如预计的零头。不仅如此，同时推出的对标 Office 的 WPS 也在市场上陷入了艰难的停滞期，公司的收入一下子出现断崖式下跌。最难的时候，金山账面上只有十几万块钱。

雷军第一次受到这么大的打击，一时间难以置信。他不懂，明明自己花费了大量的心血在盘古这个产品上，这可是国内"开天辟地头一遭"的创新，怎么会在市场上爆冷呢？为了弄明白原因，雷军作为研发人员亲自到一线摸底，与顾客面对面进行沟通，从对方那里获取第一手信息。因为交流多了，他才明白，做软件不能只看功能如何厉害，更要服务于消费者的体验，如果用户体验不好了，谁会用你的软件呢？

回来后，雷军一改自己的思路和方向，从市场需求入手，主导了一系列用户需要的工具类软件，例如知名的金山影霸、金山词霸等，并将 WPS 根据本土需求进行了更新换代，终于又赢得了市场的青睐。

之后的十几年里，雷军一直秉持着这种认真、细致、敬业的工作精神，注重用户的体验，同时也有着研发人员的深刻认识。但金山的发展却并不顺利，它在诞生伊始就面临着跟欧美成熟大厂竞争的绝境，即便在夹缝中寻求生存，也是磕磕绊绊、多次转型。雷军加入金山 16 年后，公司终于在香港敲钟上市，雷军感叹道："金山是我真正成长的地方。"

此时他才发现，互联网的世界已经风云变幻、日新月异了。雷军成名的时候，腾讯的马化腾、网易的丁磊、360 的周鸿祎还是默默无闻，但十几年的时间里，他们都走到了比雷军更远的地方。

雷军不得不感慨："1999 年互联网大潮起来的时候，我们却忙着做 WPS，忙着对抗，无暇顾及。到 2003 年时，我们再环顾四周，发现已远远落后了。"他们走得最早，却选了一条最艰难的路，被占据了全部心神之后，错失了互联网的发展，这一切都是世事弄人，与技术无关。

雷军 40 岁的时候，突然觉得很迷茫，他跟自己的朋友们说："要顺势而为，不要逆势而动。"他审时度势，在 4 个月后创立了一家新的公司，就是如今的小米。

这一次，雷军获得了远超以往的成功。2024 年，小米汽车的发布会已经召开，雷军从造手机到造汽车，完成了自己的商业版图跨越。

雷军在金山待了 16 年，在小米待了 12 年，但后者的影响力却远大于前者。是雷军变了吗？似乎没有。他将自己在金山时期积累的那些经验移植在小米手机的研发和经营中，一样重视用户的体验，一样尊重大家的需求。小米最早的社区模式非常独特，可是说是先有了社区，再有手机。在小米一穷二白时，研发人员在社区中与大家进行沟通，收集用户意见不断革新系统，然后才推出了第一代小米手机。这种重视用户的生态，给小米吸引了一大批支持者。事实证明，雷军没有变，变的是环境，是赛道。

当我们选择顺势而行时，做什么事都如有神助，眼前不仅是一片通途，前进也格外迅速；非要逆势而为，只怕反对声不绝于耳，周遭将全是自己的敌人，挪动一步都千难万难。个人的力量有时很大，善施巧力便能撬动局势；个人的力量有时也很小，如同沧海一粟。这种差异在于，我们是否掌握了周遭的"势"，只有借势而为，才能达到四两拨千斤的效果。

　　时代变迁之下，要懂得大势所趋。不盲从、不随波逐流，但要懂得借势去实现自己的目标，这就是聪明的顺从，做事才能事半功倍。

随机应变才能游刃有余

俗语有云"直如弦，死道边；曲如钩，反封侯"。做人要有风骨，做事反而要懂得"曲"，即变通。这大概是因为，人的本性不易变，只有坚持自我才能走得更远，但事态发展却是千变万化的，必须随机应变，才能灵活处理各种突发问题。懂得随机应变的人，才能四两拨千斤，游刃有余地处理问题。

春秋时期，齐襄公被叛乱的公孙氏所杀，公孙氏死于内乱之中。一时间，齐国无主，陷入混乱。在此之前，齐襄公的弟弟公子纠被拥护他的管仲提前送去鲁国避祸，而另一个弟弟公子小白则在谋士鲍叔牙的建议下逃到了莒国。在这个关键的时刻，先回到齐国的那个人就有机会继承国君的位置。

鲁庄公亲自率兵护送公子纠回国继位，但管仲觉得这还不够，他主动带人去拦截公子小白，并在距离即墨三十里的地方和公子小白相遇。争斗之中，管仲一箭射中了公子小白，亲眼看到对方吐血扑倒，管仲才放心地掉转马头，回去护送公子纠。

没想到，等他们到达齐国时，却听到了公子小白即位的消息，这让管仲大为震惊。

原来，管仲那一箭刚好射在了公子小白的配饰上，并没有伤害到他。但当时情势危急，电光石火之间，公子小白计上心头，干脆假装被射中并咬破舌尖装死。由于距离较远，管仲没有看清具体的情况，便以为公子小白已死，故而放松了警惕。

将管仲蒙蔽过去后，公子小白的归国之路变得十分顺利，当即带着自己的谋士沿近路紧急赶回，并在鲍叔牙的帮助下说服了其他大臣，顺利登上了国君宝座。公子小白便是著名的齐桓公，在他的经营下，齐国空前强盛，齐桓公也成为春秋时期的第一个霸主。

如果没有危急时刻的随机应变，公子小白很难在归国之路上抢占先机，他要么被管仲及其麾下杀害，要么就是在纠缠之间失去良机，大概率是会将国君之位让给公子纠。但他在绝境之中走出了自己的路，机智的判断和灵活变通的思维，让公子小白瞬间想到了装死蒙混过关，逆转了局势。

同样在生死之间有大智慧的，还有东晋书法家王羲之。王羲之是东晋开国功臣、大将军王敦的族侄，自幼便受到王敦的喜爱，经常被王敦留在军帐中教导，累了便在王敦的床帐内休息。

有一天，王敦跟自己的心腹钱凤密谋谋反之事，一时间忘了王羲之还在床上睡觉，而王羲之悄悄醒来，恰好听到他们提到了谋反之事。王羲之才不到十岁，乍一听到这样的话，十分惊慌，立刻想到自己知道这样私密的事情，一定会被杀人灭口。但他很快镇定下来，赶紧将口水吐出抹在脸上，把被子也弄得一塌糊涂，假装自己睡得人事不知。

这时，王敦也想起了王羲之，与钱凤说了之后，两人都十分慌张。王敦情急之下说道，既然王羲之听到了这样要命的密谋，就不能留下他了，当即掀开床帐准备杀了王羲之。没想到，映入眼帘的就是王羲之熟睡的状态，口水流了一脸，跟平时那个斯文有礼的样子完全不同，任谁来了也不会怀疑王羲之曾经醒过。

王敦打消了疑虑，又想起素日里对王羲之的疼爱，顺势放过了他。年幼的王羲之随机应变，救了自己的小命，不然人们就再也无缘见到一位才华横溢、名冠千古的书法家了。

《鹤林玉露·临事之智》中有言："大凡临事无大小，皆贵乎智。智者何？随机应变，足以得患济事者是也。"随机应变是极短时间内的变通，更是一种十分高级的智慧。

做事没有参考答案，不存在放之四海皆准的道理，而是要因势利导，随时根据情势改变自己的举措。要做到随机应变，一定要学会镇定，泰山崩于前而色不改，才能冷静思考解决办法，并迅速应对。

占据高度，审时度势

晚清士子陈澹然曾有一言："不谋万世者，不足谋一时；不谋全局者，不足谋一域。"考虑问题需要占据一定高度，从更广阔的视角出发，从更大的局势出发，才能有所成就，眼界的重要性可窥一斑。越是影响深远的重要策略，越是要横跨时间和空间，要用变通的思维去转换视角，不要仅根据当前的状况来评估自己的计划，"立长志"永远比"常立志"有价值。

1928 年的夏天，因为长时间处于纽约华尔街激烈竞争的环境中，银行家贾尼尼感到身心俱疲。于是，他离开纽约，回到了自己的家乡意大利米兰以寻求休息和调养。不过，即便身处米兰，贾尼尼还是一直密切关注着华尔街的各种动态。

有一天，贾尼尼在报纸上看到一则令他大吃一惊的头版新闻：他掌管的纽约意大利银行的股票暴跌 50%，而加州意大利银行的股票也出现了 36% 的跌幅。面对这突如其来的情况，贾尼尼迅速采取了救场对策，匆匆赶回加州的旧金山，在圣玛提欧的住宅中召开了一场紧急商业会议。

贾尼尼质问自己的儿子玛利欧："股价暴跌如此之快，一定是有人故意操纵，到底是谁？"律师吉姆·巴西加尔为了平息事态，匆忙帮玛利欧回答："是纽约联邦储备银行导致了我们的股价下跌，他们的总裁摩根认为我们涉嫌垄断，要求我们出售银行51%的股份。"

因此，玛利欧主张出售意大利银行部分资产，但贾尼尼却并不觉得这是一个好办法。会议室里陷入了沉默，大家都期待着贾尼尼提出出奇制胜的解决方案。

然而，贾尼尼却出人意料地表示："我已经快60岁了，现在身体难以支撑意大利银行的相关工作，因此我决定辞去总裁职务。"这番话令在场的所有人都感到震惊。正当人家不知所措时，贾尼尼挥动着拳头激动地说："但我不可能让意大利银行倒下！"这一表态让在场的人们情绪稍微平复，他们知道贾尼尼心中已经有了对策。

但玛利欧却不觉得问题解决了，他灰心丧气地说："就算您能说服别人颁布新的法令，让我们不再被当作垄断银行，也已经来不及了啊！"然而，贾尼尼并未气馁，反而看着儿子说："我仍然要去努力说服他们，争取合法化，但这也只是让事态不要变得更糟罢了。更重要的是，我要趁此机会搭建起一个更大的全国性控股公司，争取做成最大的民办银行。"

贾尼尼不仅没有被制裁吓到，还将此作为一个机会。既然摩根所代表的银行家以反垄断为借口要求他们出售股权，就说明意大利银行一直存在这样的漏洞。如果不把这当成一次被动防守的危机，而是以更加高瞻远瞩的视野去规划，就知道最佳的解决办法不是听任别人的要求让出股权，而是从根本上解决问题，让危机变成机会。

接下来，玛利欧等人以"泛美股份有限公司"的名义在德拉瓦注册了一家新公司，该公司的最大股东便是意大利银行。由于股票被大量小股东分散持有，外界无法怀疑它有垄断嫌疑。之后，泛美股份有限公司以低价收购了其他人手中的意大利银行股票。贾尼尼化被动为主动，通过股份公司持有的方式保住了自己对意大利银行的所有权，并规避了垄断的问题。意大利银行不仅没有倒下，反而不断壮大，吞并了其他银行，成长为后来最大的商业银行——美国商业银行。贾尼尼在关键时刻展现的英明决策使他成为美国商业银行的总裁，改写了美国金融的历史。

贾尼尼的思维跨越了眼前的困境，看到了更远的将来。如果用出售股份的方式解决当前的风险，以后又该如何呢？被视为垄断企业的风险将一直存在，即便这次躲过了危机，再重建一家银行，还是要处理相同的矛盾。所以，不如着眼于将来，思考一个更大的问题——如果要建立一家体量巨大的商业银行，该怎么回避垄断的风险，拓展更广阔的市场。以股份公司持有的解决方案就诞生了，这是一个前所未有的答案，诞生于野心和大局观之下。

做事就像赶路，如果只能看到眼前，就会发现遇到的都是问题，每一个坎坷都能让自己的节奏被打破，让步伐变得紊乱；如果能看到十步之外，就能提前规避风险，绕过可能的陷阱，走得更加稳健；如果始终看向终点的方向，不仅能提前得知沿途的磕磕绊绊，也能根据终点的位置找到一条最快捷的近路，前行时心中有底，自然不慌。变通处事的观念，就是知道什么时候往远处看，什么时候聚焦于当下，才能有从容的人生道路。

制订策略时一定要懂得变通，如果是影响深远的策略，必要有大局观和长周期视角，把握自身发展的大方向，如果是落实执行的策略，则可以着眼于细节，将原本的大计划拆解成小目标，一点点完成，这样就既有目标又有行动了。

随机
应变，
随心而变

树挪死，人挪活

　　树木只有扎根大地才能焕发生机，当树冠枝繁叶茂时，也意味着地下的根系已形成复杂的网络。此时再想挪动树木，必然伤害到它赖以生存的根系，影响树的活力。做人也与种树相似，在某个环境中发展得顺风顺水，转换环境后往往很难像之前一样如意。人要在一个地方扎根，也需要长时间的经营，所以保守的人会认为，不要轻易放弃自己的积累，重新开始并不容易。

　　但对那些处于劣势的人来说，沿用这个法则并不合适。若环境适合我们，便如同锥处囊中，开头再艰难，也能很快崭露头角。但若在一个环境中待了很长时间还是没有成就，就不得不狠下心来考虑，是不是环境不适合自己，也许换一个地方发展会更好。时常改换身边的环境，也有利于我们清醒地思考、保持好奇和探索的勇气，因为长久稳定的环境会让人沉溺于安逸中，因忽略很多问题而无法真正成长。只有跳出原本的温室花园，离开曾经熟悉的地方，我们才能更清晰地审视自己。

　　天才如乔布斯，也曾经离开他倾注心血的苹果公司，而这次出走，让他终于意识到自己性格中的短板，再次回归时收敛了许多，也能用更加成熟的方式处理问题，最终带领苹果走向了巅峰。

1976 年，年轻的史蒂夫·乔布斯和自己的朋友斯蒂夫·盖瑞·沃兹尼亚克在自家的车库里创立了一家个人电脑公司，并取名为 "Apple"（苹果）。两个人自己组装了第一台电脑，这就是历史上的唯一一台 "Apple I" 样机。

1977 年，乔布斯在第一届计算机展览会上展示了 "Apple II"，一下子就引起了轰动和关注。但苹果公司并不是唯一一个发现了商用电脑市场的幸运儿，拥有近百年历史和研发文化的蓝色巨人 IBM 早就瞄准了这块蛋糕。近乎垄断的实力，强大的技术支持，从计算机诞生以来就一路积累沉淀的技术，让 IBM 在 1981 年推出商用电脑后，迅速抢占了苹果的市场。

面对 IBM 带来的竞争压力，乔布斯下定决心要推出一款能将其打败的产品，他将全部精力倾注到新的项目 "麦金托什（Mackintosh）" 中，这就是后来的 Mac 系列。麦金托什的特点是小巧便携，它的广告词是 "不要信任一台你提不动的计算机"，显而易见，这也是对 IBM 个人电脑的嘲讽。

这款新产品的发布在一定程度上颠覆了人们对个人电脑的想象，最初的销量非常亮眼，一百天内就卖出了将近 7 万台。乔布斯对此非常满意，他认为麦金托什至少能在一年内卖出 50 万台，因此追加了在这个项目上的投资。但没想到，实际的销量远没有达到乔布斯的预期。麦金托什虽然有小巧的机身、新一代图形操作系统，一切都领先于时代，但代价是牺牲了内存，也没有足够多适配的软件，几乎就是一台昂贵的玩具。

能想出这个产品的乔布斯太聪明，预判了几十年后的电脑发展方向；但他也太相信自己的聪明，过于自信让他错判了当时的市场需求。更致命的是，为了研发麦金托什，乔布斯调用了太多资源支持这个项目，连工程师的收入都是公司最高的。可当时苹果公司的大部分利润来自沃兹尼亚克主持开发的 Apple Ⅱ，他的团队没有得到足够的尊重和回报，这造成了巨大的内部矛盾。

第二年，沃兹尼亚克失望地离开了，一些高层和工程师也相继辞职。而在对外的市场上，IBM 的电脑销量越来越好，这让苹果的处境越发艰难。董事会对乔布斯的不满越来越大，最终在 1985 年夺去了乔布斯的管理权，因此他愤然辞职。

乔布斯离开了苹果，苹果却并没有向上走，反而陷入更大的混乱。领导层更迭，市场份额被不断蚕食，这个曾经光芒万丈的公司逐渐陷入低谷。1996 年，苹果公司被曝存在巨额亏损，股价暴跌，在媒体的宣传中，苹果俨然迎来了自己的末日。

在巨大的困境压力下，苹果不得不请回了创始人乔布斯，让他再度掌舵。1997 年，乔布斯以胜利者的姿态归来，这一次他不再是那个背负了所有骂名的角色，而是成为公司员工心中救世主一样的存在。

在这个危急时刻，乔布斯展现了卓越的领导力，他放弃了许多之前推行的过于分散的产品线，将公司的焦点重新聚焦在核心业务上。他解雇了一部分员工，缩减了公司规模，以降低成本。这让苹果能够应对当前的财务压力，保留了生存的空间。他还策划了苹果与微软的战略合作，这两个多年在专利问题上互不相让的公司握手言和，苹果得以借助微软上亿美元的资金支持而渡过难关。

乔布斯试图在废墟上重建一个新的苹果，这一次他决定将外观设计纳入新产品的创新重点，iMac 就这样诞生了。iMac 具有彩色的外壳和部分透明设计，这种时尚的计算机外观打破了当时非黑即白的沉闷感，让苹果电脑再一次赢得了消费者的心。之后，苹果又推出了自己的王牌系统——MacOS，再一次带动了产品的销售，最终，苹果在 2000 年成功扭转了颓势，重回盈利状态，并逐渐成为全球最有价值的科技公司之一。

如果乔布斯没有出走，他同样会因为自己独特的性格与其他高管产生矛盾，无法化解跟团队之间的问题。人们仍然会将苹果所遭遇的问题归咎于乔布斯，而不能全心信任他，任他放手去做。

同样，若不是经历了低谷，乔布斯也永远无法意识到自己的问题，他的个性过于自我，尽管他具有高瞻远瞩的判断力和那股"现实扭曲力场"的个人魅力，但很容易陷入孤芳自赏的状态，让他做出不符合市场的选择。

正因为在矛盾中，乔布斯离开了原有的环境，彼此才能真正"冷静"下来。苹果公司在困境中明白了乔布斯的重要性，而乔布斯则在商业市场的打磨中逐渐成熟起来，开始懂得将自我需求与市场需求融于一体。等到他再回到苹果时，终于能以最好的状态在一个全力支持自己的环境中大放光彩。

这就是"树挪死，人挪活"的道理，如果周围困难重重，不如放弃纠结眼前的问题，不再因当下的处境而焦虑，换一个地方重新开始，原本的问题便如烟云消散，反而更容易走到顺境。而冷静一段时间后，再回看过去遭遇的挫折或许就是另一种心境，更容易找到解决方法。

　　如果长期处于某个稳定的环境，被解决不了的问题困扰，或觉得自己能力无法施展，不如就换一个环境再出发。要懂得变通，山不来就我，我便去就山，若困难跨不过去，便另寻一条道走过去，可能沿途的风景更好。

垃圾只是放错地方的资源

　　这个世界没有一无是处的人，只有天赋没用对地方的人。每个人都有自己的独特性，也有自己的闪光之处，关键在于如何发掘和使用。普通人的生活是"小事精明，大事糊涂"，能把一日三餐安排得明明白白，将每月开销记录得清楚明白，在规划人生时却敷衍茫然。成功者则不同，他们懂得分析自己的擅长之处，将其当成资源去规划利用，所以能最大程度发挥优势。

　　当你觉得自己在某个领域能力不足时，不如变通一下思维，不要再拘泥于当前的行业或需求，从更多元化的角度去思考自己擅长什么，然后勇敢去尝试，终能找到自己发光的领域。更重要的是要永远相信自己，只有相信金子总会发光，你才能找到属于自己的舞台。

　　德国哲学家叔本华是唯意志论的开创者，这位伟大的悲观主义哲学家半生默默无闻，他在30岁就完成了自己的著作《作为意志和表象的世界》，但出版之后乏人问津，直到其将近70岁时这本著作才享誉欧洲。此情此景之下，叔本华只是慨叹："谁若是赶了一天路，在傍晚到达了，也该满足了。"

第三章
随机应变，随心而变

叔本华曾经在柏林大学与黑格尔一同授课，当时黑格尔正处于自己声望最盛的时候，他偏偏要跟黑格尔在同一时间开课。结果，黑格尔的课堂人满为患，叔本华的课堂上仅有的三五个学生，最后也跑去听黑格尔的课。

即便自己的心血之作无人重视，自己的课堂空荡无人，叔本华还是说："如果不是我配不上这个时代，那就是这个时代配不上我。我认为是后者。"他从未怀疑过自己的能力。

寻找自我，然后相信自我，你一定能找到自己的路。

刘博士去年从研究所拿到博士学位，虽然研究方向是现在炙手可热的量子信息，但她并没有像其他同学一样继续自己的科研道路，而是签约了一个与政策研究、咨询有关的工作。

"这是我这几年做过的最明智的抉择。"她说。

在找工作和毕业的这半年里，她常常感到迷茫。一个课题的周期往往很长，也就意味着短则一两年、长则整个博士阶段可能都看不到成果，只能在一片迷茫中摸索。时间久了，很少获得外界及时的正面情绪反馈，就容易让她在困境中产生惶恐与自卑。

"我确信自己不适合做科研。"她说，"科研是一个需要有坚强的毅力和意志才能坚持的事，同时也需要人将所有的精力都集中在自己所研究的工作上，才能突出重围扩展人类认知的边界，这实在是太寂寞，也太要求专注了。"

她会写一手好字，文笔极佳，在为人处世上有许多科研工作者没有的精明，还擅长处理分析繁杂的信息。但这并不能在科研工作上给她提供多少帮助，相反，她还需要适当放弃自己在其他方面的爱好乃至社交时间，才能完成手头的工作。

刘博士就像是一个各方面都比较均衡的水桶，却在一个只看重某一块木板长度的赛道上竞争，让她不得不付出许多努力去追赶别人。

一开始，她试图将时间和精力都放在提升专业能力上，却发现即便如此，她还是难以在这个领域成为优秀的存在——因为总有人比她更努力、更专注甚至更热爱。

伴随着她对未来的迷茫，毕业季到了，刘博士变得非常焦虑："我感觉自己会在这个求职季颗粒无收，谁会看上并不优秀的我呢？"

她投了一些简历，有的石沉大海，有的却给了她正向的回复，截然不同的反应让刘博士似乎明白了什么。当她又一次在面试中得到了面试官的赞赏时，她终于想明白了："不是我不够优秀，只是我可能并不适合科研岗位，我应该去寻找跟自己的能力更对口的岗位。"

非要拿自己的短板和别人的长板优势上竞争，绝对不是上上之选。如果无法通过提升长板来增加自己的竞争力，倒不如转换领域，让自己在更对口的方向实现价值。这就是变通思维，人生应该像行路，任何时候都可以转弯，也可以变道后走入另外的方向，尝试才能找到更多可能性。

因为刘博士具有足够的量子信息前沿背景，又精通数据处理、文字写作，善于与人沟通，她成功在该行业找到了政策与经济研究的岗位，不仅年薪不菲，还很有发展前景。

　　这让她喜出望外。更重要的是，我在她脸上看到了久违的自信，那是她长期处于科研失利状态中早已丢失的东西，现在又因找到适合自己的道路而回来了。

　　垃圾不过是放错地方的资源，这句话用在人身上更加合适。每个人存在于世都是独特而宝贵的，你的身上一定有别人无法企及的优点和擅长的领域，找到它，挖掘它，你就找到了自己的人生宝库。

　　及时调整人生的方向盘很重要，随波逐流虽然可以一时轻松，但被裹挟在人群中的你很难掌握人生主动权，也失去了找到自己正确道路的机会。时刻观察周围，深入剖析自己，在机遇面前及时转道，寻找一条自己最具优势的路。

既要勇往直前，也要驻足反思

勇往直前，无疑是成功者所展现的一种卓越品质。面对重重阻碍，他们始终不屈不挠，直至取得胜利。然而，勇往直前并非一成不变的铁律。有时，若不慎走入歧途，最明智的选择并非加倍努力前行，而是驻足深思，重新审视。此时，停下脚步，实际上是为了更好地前行，因为盲目冒进与原地倒退无异。建功立业的伟人们，既能在顺风顺水时高歌猛进，也能在关键时刻停下脚步，进行深刻反思。反思，是为了校正偏离的航向，重新找到那条通往成功的道路。

历史上，晋国赵简子便是一个深谙此道的智者。

曾经有一次，晋国赵氏家族的宗主赵简子从晋阳出发前往邯郸，却在半途中突然驻足。引车吏不解地问道："主君，您为何突然停下？"赵简子回答："因为董安于在后面。"董安于是赵简子最为倚重的谋士，每当面临重大决策，赵简子总是先征求他的意见。引车吏劝道："行军乃大事，主君怎能因一人而让全军停滞？"赵简子觉得有理，便下令继续前行。然而，仅前行了百步，他又忍不住停下了脚步。引车吏欲再次相劝，这时董安于驱车赶到。赵简子心中有三件大事牵挂，因此无法安心前行。他向董安于坦言："秦国官道与晋国接壤处，我忘记设障了。""这正是我留在此处的原因。"董安于回答。接着，赵简子又提到忘记带上官府的印玺，以及忘记向年事已高的行人烛辞别。董安于一一回应，表示这些都是他留下的原因。赵简子时刻警惕，不断反思自己的行为，力求完善。而董安于则总是在问题出现前，就预先解决隐患。在赵简子掌权期间，赵氏家族和晋国的实力均得到了显著提升，这与其重视反思的习惯密不可分。

逆境中，人们往往更能体会到反思的重要性。当成功尚未到来，危机却已迫在眉睫时，为了避免失败，逆境中的奋斗者会竭尽全力地思考、总结，分析自己与成功者之间的差距，并摒弃错误的道路。生于忧患，成功便不再遥远。然而，当人们处于顺境之中时，却往往容易忽视反思的重要性，被过去的成功经验所迷惑，犹如盲人瞎马般走向深渊而不自知。此时，更需要停下脚步，重新审视自己。

东汉光武帝刘秀麾下，有一位威名赫赫的勇将，名为吴汉。在东汉一统天下的征途上，吴汉屡建战功，其斗志之昂扬，让人钦佩。每当初战不利，众将心生畏惧之时，吴汉总能迅速重整旗鼓，备战再战。然而，他性格中的争强好胜，也使他时常不听劝告，坚持己见。

一次，刘秀攻打陇西的隗嚣，将其围困于西城。刘秀下令遣散各郡士兵，以减轻粮草负担，避免士兵逃亡扰乱军心。然而，吴汉等人却认为放弃优势兵力太过可惜，便没有执行此令。随着时间的推移，汉军后勤逐渐紧张，士兵逃亡人数增多，敌军援兵又至，吴汉无奈败退。

数年后，吴汉奉命进攻广都（今成都市），进展顺利。刘秀再次告诫他，广都有敌军十余万，不可轻敌，应坚守广都，待敌来攻，切勿与之正面交锋。然而，吴汉求胜心切，率两万多步骑在距广都十余里的江北扎营，并派副将刘尚在江南扎营，两营相隔二十余里。刘秀得知后，又惊又怒，下诏责备吴汉轻敌深入，擅自改变战术，一旦遇险将难以救援。

然而，战事的发展却出乎刘秀的预料。敌军并未如刘秀所料，分兵牵制吴汉和刘尚，而是集中十万大军围攻吴汉。经过一日苦战，吴汉败退回营。但他并未气馁，反而以慷慨激昂的言辞激励将士，养精蓄锐，关闭营门三日不出，多设旗帜，保持烟火不断，以误导敌军。在夜色的掩护下，吴汉率军悄悄与刘尚会师江南。次日，趁敌将未觉，吴汉分兵阻击江北，他率部猛攻江南敌军。经过一番激战，敌将被斩，敌军大败。吴汉趁机撤回广都，并向刘秀上报军情，同时诚恳地检讨了自己的过错。

此后，刘秀再次给出新的指令，吴汉也开始虚心接受建议，不再盲目轻敌。他依据刘秀的计谋行事，八战八捷，最终平定了蜀地。

优秀的人往往好胜心强，做事努力，但走错路的情况也时有发生。那些功成名就的人，因一时之失而一蹶不振的例子并不鲜见。如果你发现自己努力的结果总是失败，自信心难免会受到打击。然而，此时你无须过于灰心丧气。只要时时保持自省的习惯，就能减少走错路的次数。

当你发现沿途的风景与预期不符时，不要盲目继续前行。停下脚步，整理心情与思路，才是明智之举。经过确认后，若发现问题所在，便可放心大胆地加速前进。若真的走错了路，也不必过于懊悔，及时刹车，亡羊补牢，为时未晚。只要你有停下来反思的勇气，成功的大门就不会对你关闭。

放弃舍本逐末

倘若问我什么时候最紧张，我只有一个答案——在做选择的时候。做出判断下达结论，或许只在一瞬间，但这个决定却会决定之后少则几个月、多则数年的人生走向。那一刻，压在肩膀上的担子几乎让我喘不过气来，一刻千金的意义在此刻显得尤为具象化。

故而，当我越成熟就越明白应该重选择而轻结果。纵观过去形形色色的选择，有一个共同的原则：不要舍本逐末，应找准人生之本。

战国时，赵威后是赵惠文王的王后，赵孝成王的母亲，也是一位巾帼豪杰。由于赵国与齐国关系紧密，齐王便派遣使者前往赵国问候赵威后。

使者日夜兼程赶到了赵国都城邯郸，终于见到了赵威后，并恭敬地送上了齐王的亲笔信。出乎意料的是，这位贤明远播的太后一见到使臣，并不急着拆阅手中的信件，却先俯身问道："齐国今年的收成怎么样？"

使臣满腹疑惑，但也恭敬答道："很好。"

赵威后点了点头，又问："黎民百姓过得安乐吗？"

使臣虽然不解，还是应道："好。"

最后赵威后才问："齐王怎么样，他也好吗？"

使臣应答："也很好。"

但使者心里却觉得有些不高兴，于是问威后："臣奉齐王之命向您问好，为何您不先问我们大王的情况，而是先打听收成和百姓，这不就是先贱后贵，尊卑不分了吗？"

齐国使臣觉得赵威后并没有将齐王的好意放在心上，不免为齐王抱屈起来。但赵威后却摇了摇头，说："不然。苟无岁，何以有民？苟无民，何以有君？"

如果百姓没有收成，靠什么熬过一年的饥荒？如果没有了百姓，又哪来的什么君主呢？既然如此，为什么要舍弃最本质的问题，而去关注那些细枝末节呢？

使臣被赵威后的话所惊醒，这才明白对方的深意。身为一国至尊至贵之人，却能真正将百姓放在自己前面，赵威后的大智慧和眼界不得不令旁人叹服。

这种"民贵君轻"的思想是统治者的智慧，也是对方能抓住事物本质的表现。既然明白百姓才是国君之所以为君的根本，自然就会在施行政令时以百姓的安居为重，这样的思维虽然朴素，却有非常好的效果。

两千年前的赵威后尚且懂得不要舍本逐末的道理，如今我们在做选择时更要有这种思维。表面看起来要紧的事，未必触及问题的核心，经营自己的人生时一定要懂得抓住重点，将精力集中于一点，逐步击破核心，细枝末节的问题自然也会随之解决。

不要舍本逐末，说起来容易坚守却很难。尤其对年轻人而言，很容易在做选择时走到盲目以时间和精力换金钱的误区，汲汲营营于眼前的蝇头小利，却浪费了最珍贵的时机，失去了长远的机遇。

知名基金经理曾在某平台为许多人答疑解惑过，有个年轻人提了这样一个问题："我今年刚刚工作，现在存了2万元，应该怎么分配，为自己的理财打好基础？"

基金经理回答道："在当下你为理财所付出的精力，价值远超过2万元。与其现在就考虑理财，不如用这笔钱给自己买一份健康保险，然后报一个急需的技能培训班。"

年轻人想要的是钱生钱，基金经理给出的建议却是让他花钱，这是不是有矛盾呢？基金经理解释说："因为当前，你最值钱的资产就是你自己。"

保险可以帮助年轻人抵抗风险和意外，留下长久赚钱的机会；技能培训，能让他提升自己的工作价值，让自己在未来增值。与其选择花时间来理财，不如将时间和精力用在花钱买来的学习机会上，这才是年轻时不舍本逐末的做法。

如果错误地分配了自己有限的精力，无异于把最宝贵的资源用在了最不重要的事情上，收到的回报自然是最少的。在往后的任何一段人生中，他都能用自己的时间和精力换到更多的金钱，资本的累积也会让金钱形成滚雪球效应，那时候再考虑理财的事情，才能实现价值倍增。

在不同的时期经营人生的依据是不同的，年轻时，自己就是资产，只要有健康的身体和聪明的头脑，可谓是机会永远在前方、千金散尽还复来；中年时，稳定就是资产，不求前途远大、机遇频出，能稳得住就能扛得起；老年时，健康和家庭就是资产，身强体健、精神矍铄，站在那里就赢了别人。所以，思维要根据不同时期与当前的矛盾而变通，不要总基于一套理论进行选择，任何时候都要知道自己当前关注的重点是什么，再全力以赴。

　　若是舍本逐末，只能两手空空。在人生的不同阶段，适当调整自己的方向和目标，舍弃不重要的"末"，向着明确的"本"（重点）奋力前行，这才叫掐住命运的咽喉，握住自己的人生。

讲原则，但不死板

人生的底色应该是"不变"的，不要轻易改变自己的目标，常立志者往往难成大事，做事永远三分钟热度，缺乏长远的规划和长期主义观念；也不要随便突破自己的底线，所坚守的原则决定了自己人生的下限，不要触碰会给自己带来危险的"红线"。

但走过人生，沿途应该是"多变"的，做人有持守，做事懂变通，才能双管齐下。讲原则是一件好事，可实际运用的时候要适当变通，不能死板地照本宣科，不然不仅无法为自己迎来赞誉，还会带来骂名。

依法办事尚且不能尽善尽美，做人更不能依照某个死板的规则而行。讲原则可以，但不要被原则束缚了思维，做出不利于自己的事。

三国时期，曹操就以严苛的军法治兵，军纪严明、令行禁止。即使是曹操的儿子出征，也被告诫"居家为父子，受事为君臣，法不徇情，尔直深戒"，可谓是法理至上。但这并不意味着曹操拘泥于所谓的"法"，不懂得随机应变。

曹操率军与袁绍大战时，将袁谭追至河边。时值冬日，天寒地冻，河道结冰导致运粮船不能正常通行，曹操便从周围征召百姓，想让他们破冰拉船，为军队效力。百姓听说后，都不愿卷入战争，便望风而逃。曹操得知后，便下令按军法处置，将逃跑的百姓捉住处死。

一些百姓闻讯，左右为难，最终还是主动前往曹营应召，希望这样就能免去一死。曹操见对方主动认错，便对百姓说："如果不杀你们，我的军令便如同废纸，可若是杀了你们，我又怎么忍心呢？不如你们快藏到山中去，不要被我的士兵抓住就好了。"曹操在这件事上巧妙地做出妥协，为了让自己的军令能服众，他不能轻易网开一面，但又不可能真将逃跑百姓都杀了，这不仅无法带来好处，还会激起其他百姓的愤怒，不利于魏军的行动。思来想去，不如让百姓躲起来，自己的军令也不算失效。

可见，讲原则不等于一味蛮干，做人若过于计较原则，处事方式一成不变，终究会让自己碰壁。讲原则是为了保护自己，守住内心的底线，这样才能心头清明，不被眼前的利益蒙蔽，也不会在利益面前头脑一热，做出令自己懊悔的事。但如果只知道死板地讲原则，却是在伤害自己，将简单的问题复杂化，只会屡屡碰壁，让自己错失机遇。

讲原则并不代表不懂变通，在大事上守底线，在小事上手段灵活，才能更好地实现目标。世事多变，总有灰色地带，不能用非黑即白的刻板思维去看问题。

好牌技不怕烂牌

总有人羡慕别人天生一副好牌，不用费心就能占尽赢面，却忘了牌桌上除了要有好运，还要有好牌技。如果精于此道，哪怕一把烂牌在手，也能在从容之间扭转局面，给自己挣得好前程。

真正能决定人生牌面好坏的，不是所谓的"生在终点"，而是有没有活出自我的能力。

苏轼仕途坎坷，虽有冠绝天下的才名，却因为乌台诗案失去圣心，被囚于死牢。此后的半生，苏轼几乎在贬谪中度过。有人曾经将苏轼被贬谪的路线画成一幅地图，发现这就是一条离京城越来越远的流放之路，从湖州到黄州、惠州、儋州，苏轼一路被贬到了在当时堪称不毛之地的海南岛。

在这样的环境下，苏轼依然能苦中作乐，享受生活。黄州是一个极其穷苦的地方，而且偏僻多雨，气候也不好，但苏轼却在初到黄州时便从山野自然中发现了趣味，赋诗曰："长江绕郭知鱼美，好竹连山觉笋香。"被贬谪的苏轼囊中羞涩，为了维持一家人的生计，他只能像农夫一样下地种田，但却并不以此为苦，每次有收成时便十分快乐。

苏轼爱吃黄州的猪肉，"东坡肉"的做法便是他在当地研究出来的，但这背后并不是一个美食家悠闲度日的故事。当时的猪肉味道差，不受人们喜爱，所以价格低廉，苏家买不起昂贵的肉食，只能买猪肉饱腹。但苏轼并不因此沮丧，不仅研究出一道传世名菜，还评价猪肉是"富者不肯吃，贫者不解煮"，俨然已经有了美食家的自觉。他又感慨"火候足时它自美""早晨起来打两碗，饱得自家君莫管"，这仿佛说的是一碗肉，又像是他的人生。火候到了的时候自然就会顺遂，只要自己过得开心，旁人的非议又有什么呢？别人能插手他的仕途，却管不了他的生活。

惠州位于岭南地区，烟瘴之地，自古被当作流放重罪之人的地方，常有人还没有走到目的地，便因为长途跋涉、水土不服而丧生。苏轼被贬谪惠州时，已经 57 岁，几近耳顺之年。他走了一千五百里，千里迢迢赶赴一场此生可能再无机会返程的旅行，却并不因此绝望。"日啖荔枝三百颗，不辞长作岭南人"，在这里，苏轼又找到了自己的快乐。

在他的眼里，穷苦的惠州有好吃的荔枝，风景也不错，百姓更是淳朴热情，怎么不算是人间乐土呢？没有钱，他买来羊脊骨炙烤，只撒一点盐，配上自家酿的酒，便可以品味很久，直到喝得不省人事。

苏轼虽然出身仕宦之家，一门三杰，又是文坛领袖，但半生坎坷，几乎在死路中盘桓。但凡他稍有郁闷，都极有可能被这无望的生活逼死。但在苏轼的文章词句中，你看不到绝境，只能看到肆意洒脱的狂生一个。

他活出了自我，活得如此充实，官场给他判了死刑，不代表他的人生就走入困境。在黄州时，苏轼写下《黄州寒食诗帖》，被后世称为"天下第三行书"，仅次于王羲之与颜真卿的大作，是他诗书画传世三绝的代表作之一，更不要说他留下的如宝石般璀璨耀眼的诗词文章了。大浪淘沙，带走了他的政敌，只留下苏轼旷达的人生智慧和才名，令人念念不忘。输也，赢也？只知道他未曾荒废自己的人生。

可见，人生的机遇不是外界给的，是自己给的。哪怕事业处于低谷，只要能充实自己的生活，一样可以扭转人生处境。变通地看待自己的人生，不要用单一的标准去评价，也不要过早地下定论。只要不放弃，总有希望。

有个年轻人，他的第一份工作是负责公司往来接待、会议安排和单据报销。这份工作重复性很强，又不需要技能，只要细心认真就可以，于是他说："这些工作一个高中生就能做，我得努力提升自己。"

别人问他有没有什么打算，他说自己以后想做一个程序员。但他对写代码一窍不通，为了实现自己的梦想，年轻人每天回家都会上辅导课，看书、写程序，从最简单的线性代数开始学习，一边补基础一边学习计算机语言。

大概两年以后，他在单位内部成功竞聘转岗，成为技术部门的一员。他所在公司的技术人员虽不是顶尖人才，但也都是专业科班出身，这个年轻人着实跟着部门前辈学到了不少东西。等他适应了手头的工作后，就又开始新一轮的学习。

有人问他："你们单位这么稳定，需要学的你也都会了，还折腾什么呢？"他却说："现在我只能算是合格了，但只要有一点风险，我肯定是最先被裁掉的，还是没有竞争力啊！"

他还是在努力提升自己的水平，很快，他就发现周围人的技术已经赶不上自己了。过了一段时间，他搞出了一个小软件，能针对性地批量处理他们公司的日常数据，给大家减轻了不少工作负担。为此，领导都对他大加赞赏，年轻人很快就成了技术部门的骨干。

再后来，听说他已经跳槽到了某芯片设计巨头公司从事研发工作，工资也翻了几倍不止。

如果他没有改变自己，提升自己的不可替代性和与他人的技术壁垒，可能现在还要从事着自己并不喜欢的行政秘书工作，整日提心吊胆，担心自己被取代。因为他总在充实自己，总在向前走，才能不断扭转自己的劣势局面，走出一条旁人无法复制的成功之路。

永远不要放弃任何可能性，但实现这些可能性的前提是在机会到来之前有所准备。所以，充实自己是必要的，哪怕你看不到任何机会到来的迹象，也不要放弃前行。

劳势和优势是相对的，也是变化的，人生往往就是在这两种状态之间波动。能让我们走出劳势的，只有自己的坚持和不断积累，变通地看待低谷和劳势，在蛰伏期安抚浮躁的心，累加筹码，等待机会，才能在属于自己的时刻到来时一飞冲天。

焦虑也是变通的动力

从心理学角度来说，对那些尚未发生的事情，我们常常会产生一种忐忑和担忧的情绪，这就是"焦虑"。焦虑往往伴随着压力，正因为我们有所求，对未知的结果有期待，才会因此患得患失。

没有人能永远胜券在握，个人的力量在时代的浪潮中显得格外渺小，身上肩负的担子越重，想要"逆天改命"的想法越强烈，挑战的事情风险越高，我们越容易惶恐。压力是现代人甩不开的"坏朋友"，几乎时刻伴随着我们。

很多人在极度焦虑时，都会产生放弃的冲动和后退的意愿，感慨"要是没有压力就好了""要是自己所求的不多就好了"，但没有压力真的如我们期待的那般美好吗？一个事实是，压力带来的焦虑也是变通的动力，也是我们想要改变当下的处境、拥有更美好人生的动力，大部分人的前行少不了压力驱动。所以，面对压力和焦虑，正视它的存在，不要把它当作洪水猛兽，过量的压力是一种噩梦，但毫无压力便意味着一潭死水，索然无味。

古希腊人在雕塑中就展现了"焦虑"这一情绪，在希腊神话中，拉奥孔和自己的孩子曾险些泄露了特洛伊木马计划，众神惩罚他们被蛇群围绕，遭受蛇的噬咬之痛。雕像上，拉奥孔的面容栩栩如生，那是身处于蛇窟之中，预料到自己的悲惨却无力抵抗的焦虑。到了 19 世纪，西方哲学家针对压力下的焦虑情绪进行了一番探讨，他们认为焦虑是证明人类存在的关键因素，正因为我们拥有自由选择的权利，才会对未来产生惧怕。

罗洛·梅说："焦虑是人类的基本处境。"焦虑是个复杂的话题，若能变通地看待焦虑所带来的影响，利用它激发内心行动的勇气和动力，反而能带来好的效果。

秦朝末年，各路人马纷纷起义，西楚霸王项羽便是其中之一。项羽有"力拔山兮气盖世"的武力，被后世赞为"羽之神勇，千古无二"，但在许多故事中，其总是一个有勇无谋的形象。实际上，项羽善于调兵遣将，有很强的军事谋略才能。

最初，项羽只是复辟的楚王麾下的一员小将，随着上将军宋义一起出征攻打秦国的军队。但宋义听说秦军势力庞大，便心生畏惧，走到半路就开始打退堂鼓，磨磨蹭蹭不愿前进。不仅如此，军队还缺衣少食，士兵只能用杂豆和野菜充饥，宋义却还有闲心举办宴会、沉迷享乐。项羽一怒之下诛杀宋义，自己统领起这支队伍。

项羽领兵后，他的做法跟宋义完全不同。他先是积极应战，派遣一队人马前去截断了秦军的运粮路线，又带领主力渡河直奔巨鹿——秦军的主战场。渡河后，项羽先犒赏三军，让大家美美饱餐了一顿，然后做出了令人震惊的决定——他令人将渡河的船凿沉，断了军队的后路；令人将做饭的锅砸碎，丝毫不考虑下一顿饭该如何解决；令人将周围的房屋烧毁，摧毁所有躲藏的空间。

项羽用自己的行为传达给军队一个信息，没有后退的余地，也没有犹豫的机会，只有前进和胜利这一个选择。要么胜，要么死！

这就是"破釜沉舟"成语的来源。楚军尚未与秦军交战时，便因为宋义的举动失去了信心和斗志，虽未进入战场，但已经显露出颓势，士兵们甚至都没有足够的夺取胜利的欲望，毕竟连主帅都不够坚定。可见这仗也不是非打不可，在战场上自然不必拼命搏杀，实在不行还可以逃跑或投降。

可当项羽下决心毁掉了所有的后路，楚军身上的压力便突然增大了。也正是因此，他们才意识到此战只有一个选择，就是必须胜利。之前失败了还可以撤退，现在连撤退的路都断了，连下一顿饭的锅都不知道在哪，与其拖拖拉拉饿着肚子打仗，不如速战速决谋求胜利。

既然没有战败后活着回去的可能，干脆与秦军拼了！楚军在项羽的指挥下无畏地冲锋向前，连续冲阵 9 次，士气都没有衰竭。压力带来的效果是惊人的，俗话说"一鼓作气，再而衰，三而竭"，正常情况下若冲锋两三次还不能成功，士兵一定会失去斗志，但对斩断后路的楚军而言并非如此，因为放弃便意味着死亡。正因为背后是无路可退的压力，才能在绝境中爆发出巨大的求生欲和斗志。

最后，秦军虽有人数上的优势，还是大败于楚军，项羽因巨鹿之战一战成名。

无独有偶，"二战"时期的苏联也是在这样的压力下成功反击了德国。最开始，德国军队在攻打莫斯科时显露出优势，德军一度深入，甚至能看到红场上方飘扬的旗帜。此时，苏联军队面临着巨大的压力，战士们坚定地表示，我们不能再后退了。

保卫家园的无穷斗志支撑着苏联，让军队在劣势之下苦苦支撑，不肯退一步，最终阻挡住了在欧洲战场上势如破竹的德国军队，扭转了苏联战场的局面，也影响了"二战"的结果。

由此可见，适当的压力和焦虑感，能激发人内心战斗的欲望，让人们为了自己想获得的、想保护的东西拼尽全力。有时，劣势也能通过思维的变通转化为优势，当我们意识到压力也是促进我们前行的动力，也能成为改变当下处境的契机时，压力也就化害为利了。

同时，将焦虑变通为动力的关键也在于行动。如果你永远不行动、不梳理，内心就会因为焦虑而混沌，眼前的事情也会变成一团乱麻。越是面临压力，越要保持清醒和镇定，可以写下自己内心焦虑的源泉，针对性地思考自己想做什么、怎么做，然后放手去做，大部分焦虑可以在这个过程中被瓦解。正视压力，将原本混乱的思绪梳理清楚，不仅能将焦虑转化为行动力，也能令你当下的困难得到实际的改善。

　　用变通的态度看待压力，不要将其看作洪水猛兽，将压力适当转化为动力。解决焦虑的好办法是明确自己当下追求的目标，制订可实现的计划并一步步完成。

会消解情绪才能转换状态

变通力不仅影响我们对外界环境的处理方式，也影响我们对自身的管理能力。 个成熟稳定的人，不仅要具备在纷繁复杂的事务中游刃有余的能力，也要能控制自己的状态和情绪。会消解负面的情绪，才能转换自己的状态，让自己始终在劣势中表现出最佳的一面。

管理情绪可以对人生发展起到正向作用。"泰山崩于前，而面不改色"，一个有修养的人，可以在各种场合管控自己的情绪，尤其是当别人情绪外露的时候。而控制情绪有两个好处，一个是不让情绪影响自己的思考和判断，一个是不会让自己的情绪影响他人。

曾有人问我："你会不会因为今天天气恶劣，就没法打起精神来工作呢？"

当时我被问得一愣，但思考之后发现，尽管天气对我的影响微乎其微，但在最讨厌的冬天，阴沉的天色也会影响自己的注意力，陷入无法集中精神的倦怠中。同样，如果在做好计划的某个日子里，突然出现了意外事项需要临时解决，打破了我原本的规划，我也会变得烦躁、不安。这种情况，你是不是也很熟悉呢？从情商方面去解读，当一个人的情绪很容易因为外界因素而产生波动，例如天气、突发的事项等，就说明他的情商还需要提升和修炼。情商这个概念，可不仅仅指待人接物的能力，也包括管理自我情绪的能力。

在各种复杂状态下仍然能保持稳定的情绪，也是一种能力。一个简单的小窍门可以让我们以不变应万变，就是在突发状况发生时，内心要有"不在乎"的精神，要相信没有人注意到你的情况，你的问题也只是小麻烦，保持不在乎，内心就会平静许多。

有一位年轻的学者，他的家乡饱受战乱困苦，战争使他不得不中断了博士学业，连毕业证都没拿到。后来，他辗转来到欧洲，申请了许多博士后岗位，但因为他的履历和经验都不丰富，总是在面试中被更优秀的竞争者击败。

有一次面试，他的表现又是全场最差的。看着他十分仰慕的教授冲着另一位竞争者露出了赞赏的笑容，他忍不住去盥洗室哭了，但擦干眼泪，学者还是坚持去参加了面试后的招待晚宴。

在晚宴上，命运女神青睐了他，一个教授对他说："我看了你的成绩单，你很有勇气。希望你明天一定要来参观我的实验室。"

当时，他甚至不清楚这位教授是什么意思，他知道自己的成绩不好，对方到底是嘲讽还是夸赞？但无论如何，他还是不愿意错过机会，第二天就去了教授的实验室。结果，令人尴尬的意外发生了。

当教授邀请他操作仪器观察样品时，他在紧张之中不小心抓错了位置，把教授的衣扣挣掉了。

更严重的是，他收回手的动作太快、用力太猛，教授的衣服"刺啦"一声被扯开了。

周围一片鸦雀无声，他在一瞬间脑袋空白了。但很快他又镇定下来，对在战火中见识过生离死别、见识过人间地狱的人来说，尽管这很尴尬，但真的不算什么。

他淡定地说了声"抱歉"，立刻将目光放在仪器上，甚至讨论起了样品："它的信号看起来似乎有点异常。"

其他人被他的镇定感染，也很快从刚才的尴尬中走出来。

回去的路上，他以为自己一定失去了机会，没想到那位教授很快通知他来自己的实验室入职。

后来，他成了一位优秀的科学家。很多年后他感慨道："那位我尊敬的老师，他告诉我，正是那场乌龙让他坚定选择了我。他的实验室需要一位能在危急时刻保持镇定的人，而我是最好的人选。他改变了我的一生。"

在任何时候，都要有控制情绪的能力，这太重要了。越是要紧的时刻，这种能力就显得越发重要。如果这个年轻的学者在面试失败后，因为沮丧而不去参加晚宴，就不会收到另一位教授的邀请；如果他在尴尬时刻，没有保持镇定自若，就可能与机会失之交臂。

当你没有控制情绪的能力时，意外就会发生在你身上；当你有了控制情绪的能力，也许意外就是为你准备的机会。

　　当一个人情绪不稳定时，处理危机的能力再强、看待问题的思维再灵活，都没有机会得到施展，很容易在一开始就因为情绪慌乱而败下阵来。保持情绪稳定，你才有机会施展变通的手腕。

第四章

突破
固有思维的
桎梏

不为问题找借口

能为自己的失败负责、直面问题的人，才能成为有担当的领导者，而那些喜欢找借口、推脱责任的人，往往无法被委以重任。找借口，即把暴露在眼前的问题甩给其他原因，以此为自己开脱。

从一个简单的小事上，就能看出你是否有爱找借口的习惯。当你因为早上出发晚而迟到，面对领导的询问，你会如何表达呢？

"我今天迟到了，是因为路上堵车，路况实在是太差了。"

"走到一半的时候车没油了，我只能先去加油再上班。"

"早上孩子肚子疼，实在没办法，只能紧急先把他送到医院，耽误了时间。"

……

问题发生时，很多人会第一时间想办法为自己辩解，而不是直面关键。这些借口，有些是真实发生的，有些只是为了减轻责难而编造的谎言。但即便有了借口为自己辩护，迟到仍然是一个既定事实，不会因为迟到情有可原就发生任何改变。

我们急于去解释，只是想通过找借口减轻自己内心的压力，有了借口，似乎就能更加理直气壮地为自己开脱，让自己觉得"我没错"，在与他人的交流中不至于底气不足。但这对解决问题没有任何帮助，其实，直面问题并不难，面对迟到，完全可以说："这次是我迟到了，下次我会早一点出发，避免再迟到。"

承认问题并不丢脸，给出解决方案更能令人信服，与其解释半天，不如直指要点。

找借口只能拖延一时，即使我们暂时得到了别人的谅解，也依旧没有触及矛盾的关键。如果每次都对问题轻飘飘放过，靠着别人施舍的谅解渡过难关，失败也就不远了。

很多时候，变通的契机就藏在问题里，我们面对问题如果不找借口，迎难而上，反而能找到一条打破僵局的通路。

加藤信三曾经是日本狮王公司市场部的一名员工，负责为狮王牙刷在市场上打开销路。在最初，狮王牙刷并没有独特之处，很难得到顾客的认可，市场迟迟无法拓展，加藤信三心中十分焦虑。

一天早晨，加藤信三在起床洗漱时发现，使用完自家公司生产的牙刷，他的牙龈竟然出血了。最初他并没有意识到是牙刷的问题，但接连几天都发生这种情况后，加藤信三十分生气。他没有将其简单归结为由于焦虑上火导致的牙龈不健康，而是认为这是明显的技术失误，是自家公司技术部门没有把好产品质量关。

加藤信三觉得自己被技术部门坑害了，每次大家都将销量不佳的责任推给市场部，实际上明明是技术部门的问题嘛！他决定去找技术部门算账，看看对方如何回应。但冷静下来后，他内心的不满消失了，因为他知道，找谁来为销量负责都不能解决实际问题，与其相互扯皮，不如同心协力把产品做好。

从此之后，加藤信三和同事们投身到了牙刷产品的研究中，想破解导致用户牙龈出血的问题。为此他们提出了五花八门的方案，例如改变牙刷的刷头形状、改变刷毛的排列方式、使用不同质地的材料制作刷头等，但效果都不好。直到有一天，加藤信三在显微镜下认真地观察刷毛，突然发现它的形状非常奇怪……

每一根刷毛经过显微镜放大后，顶部看起来都非常尖锐，就像小牙签一样。这种尖锐的刷头在牙龈上摩擦，当然会对牙龈造成损伤了。这是机器切割后产生的形状，但以前大家没有这样仔细地研究过这一问题。找到问题根源后，一切难题都迎刃而解，加藤信三向公司提议，不如将刷毛的顶部磨成圆形的，以不伤牙龈为卖点重做一款牙刷。

这款牙刷一经推出就得到了顾客的好评，也为狮王牙刷打开了销路，后来狮王逐渐成长为知名的清洁用品公司。加藤信三的"发现问题之旅"不仅帮助了公司，也打开了自己的升职之路，从课长逐步晋升，最后成为狮王公司的董事长。

面对问题的态度，一定程度上决定了一个人的成长发展。习惯了找借口去回避问题，虽然避免了一时的冲突和痛苦，但也会让问题变成沉疴宿疾，更难痊愈；能直面问题，甚至主动找出潜藏的问题，才能先一步解决危机，让自己的路走得更顺畅。

变通锦囊

　　不为问题找借口，要从问题找答案，变通的机遇就藏在问题里。回避问题虽然能躲开风险，但也与机会擦肩而过，面对问题才能不断改进，勇攀高峰。

突破思维定式，打破认知偏见

　　人一旦陷入一成不变的思考路径，解决问题的方式就会变得僵化和刻板，创新的可能性人幅降低。创新需要新的思考路径、新的视角，而思维定式使我们很难跳出既定的思考框架，自然无法涌现出突破原有认知的好点子。只有打破认知局限，摆脱旧有的思考方式，才能跳出原本的僵局，提供一种新的破题方案。

　　1952 年东芝集团曾面临经营危机，厂房内积压了大量公司生产的电扇，却苦于没有销路。为了替公司解决问题，也为了保住自己的工作，集团上下 7 万余名职工都在苦思冥想，如何将产品快速推销出去。

　　大家提出了很多方案，但由于无法落地或不能解决核心问题，均被一一否决。直到有一天，一个基层职员向董事长石板提出了一个别出心裁的建议——为什么不考虑将电扇的颜色改变一下呢？

　　在如今看来，这实在是一个再简单不过的方法了。但在当时，人们只重视电扇的实用性，从未考虑过美观问题，全世界的电扇都默认是黑色的，东芝公司自然也先入为主地将所有的电扇都设计成了黑色。所以，乍一听到这个建议，董事长石板立刻受到了启发。

原本大家都被局限在了固有的思维定式当中，下意识地将颜色的选项排除在外，在被提醒后，公司立刻采纳了这个建议，并针对颜色进行了改良。

于是，这一年夏天，一批罕见的浅蓝色电扇推向市场。由东芝公司推出的这些电扇，一上市，就受到了顾客们的好评。在炎热的夏天，人们看到黑色的电扇就会觉得沉闷压抑，而这些独特的蓝色电扇，让人一见就感觉十分清爽，仿佛看到了大海。当东芝的产品考虑到了人们的审美需求，而不仅仅是实用需求，在市场上立刻有了竞争力，短短几个月就卖出了几十万台。

仅仅是改变了电扇的颜色，就将原本积压在仓库中，令整个集团感到头痛的积压产品全部销售完，这就是变通思维的威力。如此简单的提议，为什么别人没有想到呢？仅仅只是改变电风扇的颜色而已，为什么其他的公司没有做到呢？只是因为从未有人想到过，电风扇原来可以不是黑色的，大家都陷在旧的思维定式里，忽视了这样一个显而易见又十分简单的问题。

同样的事情也曾经发生在苹果公司。当苹果公司在个人电脑的市场上节节败退，无法抵挡IBM的压力，甚至濒临破产时，乔布斯回归苹果公司，推出了iMac系列产品。这系列产品打破了个人电脑的设计框架，不再是简单的黑色或白色，而是具有彩色的外壳。它将简约美学贯彻到了极致，也瞬间赢回了市场。

现如今，社会和科技的快速发展要求我们不断适应变化，而思维定式会阻碍我们的适应力发展。在充满不确定性的环境中，如果故步自封，很难应付层出不穷的新问题，而那些能够灵活变通、勇于尝试新思维的人更容易脱颖而出。通过不断打破认知局限，我们能够提升自己的学习能力、创新能力和适应能力，以更好地适应职业发展的需求。

在一次欧洲篮球锦标赛上，保加利亚和捷克斯洛伐克的两支篮球队狭路相逢。两支队伍旗鼓相当，打得难舍难分，直到比赛剩下8分钟时仍没有拉开5分以上的分数差距。

此时保加利亚队暂时领先2分，如果只看这一场的数据，他们几乎已经锁定胜局了。但这场锦标赛是循环积分制，保加利亚队必须在这一场球领先5分以上，才能真正获得进入下一轮的资格。

时间只剩下8秒钟了，所有人都认定保加利亚队再难赢得剩下的3分。也就是说，尽管这场球他们打得不错，甚至也在分数上领先了对手，但结局依然是输家。

就在此时，保加利亚队的教练突然举牌要求暂停。他将所有队员拢到自己身边，认真地给他们讲解下一步的计划。场外的观众感到十分疑惑，比赛已经快结束了，还有什么办法能绝处逢生呢？就在裁判宣布比赛继续后，一个令所有人都没想到的场面发生了。

保加利亚队的一名队员突然运球转身，向着己方篮筐跑去。他奋力跃起投篮，将球送入了己方的球网中。

这一记乌龙球，令捷克斯洛伐克不费吹灰之力就得到了2分。

现场的观众一时间呆若木鸡，但短暂愣怔后，他们才明白发生了什么。果然，裁判宣布双方的分数打成了平局，需要通过加时赛来决出胜负。

谁会想要主动送对方 2 分呢？放在任何场景下，这似乎都是一种昏头的表现，但在此刻，这种剑走偏锋的策略，却为保加利亚队创造了一次意料之外的转机。利用加时赛，保加利亚队连夺 6 分，最终如愿以偿得到了出线的机会。

在关键时刻，保加利亚队的教练突破原有的思维定式，没有"唯分数论"，而是将时间也作为一种资源考虑在内，短暂地舍弃了分数上的优势，去追求时间机会，从另一个角度找到了解决问题的办法。

在人生中，到处是保加利亚队所遇到的"绝境"，如果我们只能用单一的评价标准去行动，很容易走入穷途末路，被惯性思维带入歧途。如果能贯彻变通思维，善于突破常规，就能有机会发现一条别人没有走过的通路。

变通锦囊

做人做事要不走寻常路，不要让思维落入窠臼。只拿出一些公式化的解题方法来应对人生，如此并不会获得令自己眼前一亮的结果。解决问题需要跳出藩篱去思考，经验可以帮助我们排除错误，但不要让它成为禁锢思维的囚笼。

取舍之道，在于变通

人生的前半程是做加法，我们不断汲取外界的知识充实自己，让自己拥有在残酷社会中求生的能力；但人生的后半程是做减法，当你需要顾及的事情越来越多，要考虑的问题也变得复杂时，善于取舍会让自己活得更轻松。

此时，不要再用常规的思维，要求自己做一个面面俱到的完美角色，你应当反其道而行之，学会给自己减负，用"尽可能少"的思维去做事，反而更容易提升效率。

孙经理前不久升职为分公司总经理。尽管他们的分公司规模并不大，手底下只有二三十个项目组，但从项目经理升职为总经理，依然意味着职场上的大跨越。对孙经理而言，升职加薪给他带来的除了惊喜，还有重大的责任，责任背后则对标着数不清的工作。

孙经理在管理小组的时候以亲和著称，几乎是有求必应，做事又很谨慎，对所带的项目组方方面面几乎事必躬亲。他从来不摆领导架子，对手底下的员工和上面的领导态度都很热情，有事吩咐或有事请求，他都会尽可能地提供帮助。

在这家企业里，孙经理用自己的言行获取了大家的信任，在他手底下工作的人都感受到了被尊重，上司对他也很放心。

但成为总经理之后，孙经理一时之间还没有转变自己的这种思维，仍然采取事无巨细的方式来管理，哪怕是一件琐碎的小事，他也要关心过问。

譬如，公司搬到新办公楼后，为了一次关于电路铺排的安全检查，后勤组长能专门去孙经理的办公室汇报半天。孙经理觉得，一方面是人家有汇报需求，做领导的不应拒之门外；另一方面，作为总经理要负责，就一定要亲眼看看才放心。

"实在是太累了，每天的事情都做不完。"孙经理对家人疲惫地说。

的确，有多大的权力就要承担多大责任，坐在总经理的位置上，小心一些总是没错的。但人一天只有 24 个小时，领导者的位置注定他们要比其他人处理更多的信息，仅仅提高自己处理工作的速率，压榨自己的休息时间，就算是真正的高效率了吗？

在生活或工作中面临的问题变多时，我们更应该思考怎样减少它们，懂得取舍，才能有效率。如果说大脑是一个仓库，所有知识都储存其中，那些常用的、重要的知识一定会放在随手易得的位置。这样的黄金位置总是有限的，伴随着不断投入新知识，仓库里可用的空间也在逐渐减小，我们势必要做出选择，将当前最重要的知识技能提取出来摆放，舍弃那些冗余的信息。

只有学会选择、轻装上阵，才能过"零库存"人生，而这样的取舍每时每刻都在发生。

在尚未进入职场时，身边发生的一件小事曾对我有过类似的启迪。当时我还在念书，每个月收入有限，消费观念也非常朴素。当我得知身边一个刚工作的见习生，每个月都会花钱雇人来家里打扫卫生时，我感到非常震惊。

在一线城市，人工服务的费用并不是一笔小数目。按她家的面积计算，每次打扫的价格都在三五百元之间。

"为什么要请人来打扫卫生呢？如果自己去做的话，最多也就花半天的时间，能省好几百块钱呢！"也有人提出过类似的疑问。

见习生说，我当然可以选择在休息日自己打扫卫生，但也意味着宝贵的休息时间被浪费了半天。不仅如此，打扫卫生的疲惫还会继续影响我的身体和心情，整个假期就都被浪费了。

对于一个收入足以付得起清洁服务的人来说，牺牲情绪价值省下这三五百元，真的值得吗？

我思考了一下，答案是不值得。如果是我处于这个位置，也会花钱将简单的清扫工作外包出去，换取能让自己在接下来的一周中都活力满满工作的周末休息。适当的休息能给人提供宝贵的情绪价值，这对保持效率和长期的身心健康而言必不可少。

当我们的时间和精力有限时，就必须要精打细算，通过取舍来决定将主要精力放在哪里。这位女士选择了把精力放在工作和享受生活上，所以她把日常的清洁劳动外包给了别人，虽然表面看是自己损失了金钱，实际上却能将有限的精力投放在更高附加值的活动上。

有些事之所以选择不做，并不是因为你不会，而是因为不值得。不要被固有思维所困扰，将时间放在一些小事上，一定要珍惜时间，你的精力值得去放在更重要的事情上。

懂得取舍之道，对不同重要性的事务有不同态度，变通地处理问题，才是聪明。做事认真固然是优点，但只知认真不知变通只会困住自己，如果在琐事上也花费大量精力，只是在耽误自己的时间。

松开手，才能抓住机会

　　做事要善于放手，凡事不必亲力亲为，事情一样可以做得很好，不仅能解放自己的时间，也能赢得更高的效率。同样，适当放权，才能让手中的权力变得更有价值，有些机会，是松开手的时候才真正得到的。

　　华为公司的创始人任正非曾说："人感知到自己的渺小，行为才开始伟大。"不要太过高看个人的影响力，再有能力的人能影响的范围也是有限的，心里要有"地球离了谁都能转"的认识。当你放下了沉甸甸的责任，会发现生活轻松许多，既解放了自己，又锻炼了身边的人，岂不是皆大欢喜吗？突破思维的桎梏，认真做人、踏实做事固然重要，但也要懂得给予别人信任，"抓大放小"并不是不负责任的表现，对领导者来说更是如此。

　　任正非在不惑之年才开始创业，最初，他怀着一腔热情来到深圳，准备从事技术或者研究工作。但现实很快让他失望了，时代的发展日新月异，研究和技术的迭代也不是个人能追上的，他发现前程充满了不确定性。

　　任正非后来说，如果当时他还选择去从事技术工作，早就被时代抛弃在垃圾堆中了。他意识到，个人的努力无法赶超时代的步伐，尤其是在当下这个知识爆炸的时代。只有组织和凝聚起一群人，借助大家的奋斗，才能站在时代的潮头。

于是，决定创建华为时，任正非给自己的定位不再是技术管理，而是组织者。他始终十分谦逊，既不以技术专家自居，也不认为自己懂财务或管理。他唯一认可的，是自己能民主地对待团体中的声音，发挥好各方面专家的作用。

最初，任正非并不了解西方社会已经发展很成熟的期权管理制度，也不知道如何用多种多样的激励机制让员工有积极性。他只是根据自己过去的人生经验得出一个朴素的结论——要让员工分担公司发展的责任，也要让他们共享公司发展的利润。于是，任正非设计了员工持股制度，通过让员工分享公司成长过程中的红利，将责任和权利都发放给了员工。

任正非说，能够成就华为的事业，靠的是各个部门"游击队长"的功劳，他没做什么，也领导不了他们。在华为创立的前十几年，任正非的工作似乎非常简单，就是飞去全国各地听客户的声音、员工的声音，理解他们的想法，支持他们的方案。

那时候华为的研发也是乱成一团，几乎没有一个清晰的发展方向，就像玻璃瓶里的无头苍蝇。很多机会是员工自己找出来的，比如客户提出了一些建议，他们就思考怎样改进产品，能让客户满意，市场自然也就有了。如果是一个过于认真、凡事都要亲力亲为才能放心的人去管理这些工作，一定会被逼疯，因为每个项目似乎都没有明确的前景，也不知道将来会走到哪里、发展到什么程度，一切都是不可控的。但任正非却将自己的信任交给了研发和团队，让他们自己去勇敢尝试、去寻求出路。

任正非谦虚地说："我自己的原因，才如此放权，使各路诸侯的聪明才智得到发挥，成就了华为。"他笑称自己被别人称为"甩手掌柜"，正是因为任正非能把权力下放给别人，把自由发展的机会交给了别人，才能汇集如此多人的智慧结晶，最终创造出这样一个令人自豪的民族企业。

若干年过去，大浪淘沙之下，那些兢兢业业凡事亲力亲为的领导者，大多数没能扩大自己的企业产能，因为一旦企业扩张，需要处理的事务将是指数级增长的，一个不懂放权的领导者怎么可能独立处理好所有事情呢？而"甩手掌柜"任正非，却建立了华为，将它的影响力推广到了全世界。

可见，做事抓大放小，懂得放权，也是一种变通的智慧。手握得越松，得到的机会就越多，越是紧紧攥着资源不放，能留下的就越少。学会放下，既是放过别人，也是放过自己，做人如此，方能成功。

做事只关注重点，不费心于细枝末节，愿意将信任交给其他人，看似是解放自己的懒惰行为，其实是对精力的有效分配。

从多个角度去思考

在小学生的语文课本里，有一篇故事名叫《画杨桃》，里面的老师拿来了一个杨桃让大家写生，所有小朋友都画出了自己眼中杨桃的样子。故事的主人公坐在非常特别的角度，从他那里看去，杨桃的侧面就像五角星一样，于是他画出了一个和大家都不同的"杨桃"。

哪个杨桃会长得像五角星呢？一开始，所有同学都不信，可当老师让他们轮流坐在主人公的位置上后，大家都相信了，原来从那个角度看去，杨桃就是像五角星。

可见，不同的角度看事物，呈现出的样貌也不一样，这个道理小学生尚且明白，我们作为成年人，更应该懂得。变通的思维就是让我们主动地"改变座位"，不要用固定的视角去审视一个问题，经常转换自己看问题的角度，也许你会得出不一样的看法和结论，这也会影响你的应对思维。

清代著名的"红顶商人"胡雪岩年轻时在一家钱庄做学徒，他人很聪明，什么都一学就通，做事也勤快，每次派他出去收账都不会出差错，因此很受东家器重。很快，胡雪岩就积攒了一笔财富，成了一名小商人。

一年夏天，胡雪岩在路边看到了一个青年想投河自尽，他赶忙上前劝阻对方。好不容易将这个青年从生死边缘拉回来，他忍不住询问对方："你年纪轻轻，为何要自寻短见？"

原来，青年名叫王有龄，父亲曾在云南任知府一职，但遭人诬陷，一家人辗转来到浙江。王父自认没有官运，就捐出了平生积蓄为王有龄谋了一份虚衔。但王有龄发现，还得再花300两银子才能补实缺，可自己已经身无分文了，绝望之下才选择了投河自尽。

300两银子可不是一个小数目，一般人听到了，一定会转身就走。毕竟素昧平生，自己已经救了对方一次，算是尽心竭力了，对方的困境只能留给他自己解决。但胡雪岩不这么想，他从另一个角度去思考：虽然300两银子是一笔巨款，可王有龄并不是等闲之辈，他的父亲曾任高官，那可是自己见都见不到的大人物，只不过运气不好才落得如此境地。有这样的人脉背景，日后王有龄很可能会有出息，如果自己能帮他一把，将来他发达了，也会助自己一臂之力。

想到这里，胡雪岩便主动说："相遇便是缘分，救人救到底，我愿意帮你筹这300两银子。"只是，这对胡雪岩来说也是一笔巨款，他动用了自己所有的朋友关系，花了一年时间才凑够了300两银子，让王有龄补了缺。

王有龄对胡雪岩的救命之恩和赠银之情十分感激，上任以后，立刻给胡雪岩引荐了当时的朝廷钦差何大人。何大人在交谈之间透露了京城缺粮的情况，胡雪岩身处江浙鱼米之乡，最不缺的就是粮食，当即揽下这桩差使，筹了将近十万斤粮食运到京城，解了朝廷的燃眉之急。经过此事，连御前也听说了胡雪岩的名字，皇上甚至还嘉奖了他。

胡雪岩的"红顶商人"之路，就是从跟官员搭上关系开始，而帮助王有龄是他的关键一步，让他逐渐打开了商路。如果一开始，他不能从另一个角度看到王有龄身上的资源，只着眼于对方的窘迫状况和300两银子的巨款，胡雪岩一定不会主动伸手帮助对方，毕竟对当时的他来说，那也不是一笔小钱。但胡雪岩看问题的角度多元化，不仅仅着眼于"帮人需要花钱"以及短期是否能得到回报，而是看到了王有龄身上长远的资源，知道王有龄能引荐他进入另一个圈层，这促使他做出了与常人不同的选择。

后来，胡雪岩自己开了钱庄，当即就自掏腰包，给浙江官员的太太、姨太太们都在钱庄存了20两银子。这种宣传套路现代人是很熟悉的，就像新注册的账户里总有平台送的红包一样，借助这个小钱能吸引来许多用户，商家并不亏。但在清代，这简直是一个超出时代、令人拍案叫绝的思路，当其他的商人还在纠结这样做是不是亏钱，或者压根没往这方面想过时，胡雪岩已经会舍小钱钓大鱼了。

果然，钱庄开张以后，两江总督的太太知晓此事，立刻派人往钱庄里存了几百两银子，给足了胡雪岩面子，令他的钱庄一下子被人所知。其他官太太也纷纷捧场，很快，胡雪岩的钱庄声势就越来越大。

胡雪岩看问题时，并没有从固有的角度去思考得失与好坏，而是从客户背后的资源出发去思考，做出一个长远的规划。他送钱、捐粮，按照惯性思维，都是"花钱"而非"赚钱"，但在更长远的时间线里，都给他带来了丰厚的回报。就这样，胡雪岩不断经营自己的生意，最终成了清代最有名的"红顶商人"，成为官商都给几分面子的大人物。

胡雪岩不仅善于借助外力，还有自己思考问题的独特角度。他善于观察和分析，能突破常人的思维，从更深层的角度去衡量长远的利益，才能成他人不能成之事。我们也应当有突破思维桎梏的念头，凡事不要仅从一个角度想，要刻意地培养自己看问题的角度，站在不同位置上思考，既能帮助我们理解其他人的思维，判断别人的态度和需求，也能让我们基于自身的利益做出更全面的决策。

思考要有多面性，沿着一条路走到头，会让自己的视野变得越来越狭窄。看问题要学会"转角度"，建立逆向思维很重要，主动训练自己反向思考的能力，多方面衡量再进行判断。

解决问题不能只看表面

会做事的人，懂得"三分苦干七分巧干"的道理，意思就是不能只低头干活，还要懂得抬头思考，知道把精力用在哪些工作上，才能发挥出最大的效果。工作中我们总会遇到问题，但总在问题发生时才补救解决，只知道处理浮在表面的困难，就是"苦干"，根本无法从根本上解决麻烦。要注重问题的根本原因，针对性地制定解决办法，这种处理方法才够巧妙，能一劳永逸地解决水面之下暗藏的祸患。

所以，看问题的视角要变通，不要只盯着眼前的一亩三分地，建立全局性思维，才能抓住问题的核心。

战国时期，诸侯征战不休，抢夺地盘的事情时有发生。在魏国的边境有一片叫中山的土地，原本是独立的小国，后来成为魏国的一部分，又被赵国夺去。当时在位的魏惠王对此一直耿耿于怀，魏、赵两国本就毗邻而居、互相提防，新仇旧恨叠加在一起，让魏惠王发誓要夺回中山。

魏惠王便派遣大将庞涓领兵，出征中山。不过私下他却跟庞涓说："那中山也不过是弹丸之地，即便夺回来也难解我心头之恨。

恰好中山离赵国的都城邯郸很近，不若长驱直入，直奔邯郸而去。"如果能灭了赵国，中山早晚不都是魏国的囊中之物吗？

庞涓直奔邯郸而来的消息传到赵国，赵王在危急之中向齐国求助，并许诺齐国若能解赵国之困，赵王愿将中山献给齐国。齐威王听说后当即应允，就派遣大将田忌领兵，并命孙膑作为军师同行，去协助赵王打退魏国的兵马。

齐国的军队很快就到达了魏、赵两国的边界，田忌性格直率，当即就要领兵前往邯郸，与魏国兵马来个硬碰硬。孙膑却拉住了他，劝说道："想解开乱麻的绳结，用拳头去捶打是没用的；要排解两方的争斗，就不能参与到搏斗中去。平息纷乱的关键就是抓住要害，趁对方空虚时占据上风，让两方都受到制约，问题自然就解决了。"

如孙膑所言，解一团乱麻的关键就是找到缠绕的线头，从根源开始解起，才能将麻烦逐渐拆解。齐国的目的不是参与到两国争斗中，让事情越来越复杂，而是解赵国之危，逼退魏国的兵马比直接将他们打服效果更好、损失更小。

田忌对孙膑很佩服，急忙追问："那该如何是好？"

孙膑没有被当前的局势困扰，而是跟田忌细细分析："既然魏国派出了全部精兵，倾巢而出向邯郸而去，魏国的内部防守必然空虚。若我方攻打魏国，庞涓难道会坐视不理吗？他必会回师援救，这样邯郸之围便迎刃而解。而庞涓行军匆忙，若在他返程之时于中途伏击，魏军必败。"

田忌深以为然，立刻依照孙膑之计行事。果然，庞涓一听到魏国受困，立刻离开了邯郸，奔袭回国。长途跋涉之后人困马乏，士卒都非常疲惫，在这种极其被动的条件下，与齐国的伏兵在桂陵相遇，果然败给了田忌和孙膑。齐国在这场战斗中获得了大胜，不仅得到了中山这块地，还重创了魏国。

十余年后，齐、魏两国再次交战，魏国又是惨败。庞涓意识到自己已无路可走、无计可施，绝望之下自尽。当年他曾因为妒忌之心，陷害自己的同门孙膑，令他受髌骨黥面之苦，以为这就能让孙膑的才华埋没。没想到孙膑被齐国使臣救走，指挥齐军大胜魏国，间接也为自己报了仇，可见做事给别人留余地，也是给自己留后路。

孙膑这一招"围魏救赵"，巧妙地从根本问题出发去思考，而不是只看表面来解决问题。若是齐军执意援救邯郸，一方面会卷入正面冲突中，将战线拖长，没有埋伏时出其不意的效果；一方面是以己方疲惫的状态迎战，而魏军已计划周密，从容不迫，齐军就失去了先机。相反，乘虚而入攻打魏国，一下子就将主动权握在了自己手中。

所以，看待问题一定不要忽略根本原因，做事也不要忘记自己的根本目的。很多人做事时，经常被眼前的工作吸引了心神，一心沉溺于解决当下的困境，却逐渐忘了自己的本意和目标，这就是在浪费时间，做吃力不讨好的事。洞察事物的本质，坚定自己的目标，时刻警醒自己变通地看问题，不要被表象蒙蔽，才能在解决问题时直指核心。

保持清晰的思维，时刻询问自己"为什么要做这件事""问题发生的本质矛盾是什么"，懂得探寻表面现象背后隐藏的问题，才能抓住事物的本源。可以不着急行动，但一定要勤于思考，经过深思熟虑后对核心矛盾出手，往往能产生一击制胜的效果。

具备"止盈"与"止损"思维

一个人做决策是不是果断，对结果有没有足够的了解，是做事有没有条理的体现，也会指向不同的发展方向。

有的人在该做决策时懵懵懂懂，就很容易在无意义的错误方向上浪费时间和精力，这就是无效努力。不在无意义的事情上浪费时间，而是在关键时刻放弃沉没成本抽身离开，能在收获颇丰时控制贪欲及时收手，都是一种关键时刻的变通智慧，这就是"止盈"和"止损"的思维。能够止盈的人，不贪婪，不会因为胃口太大、想要的东西太多，导致自己错失抽身的机会，连本来得到的东西都失去；能够止损的人，懂得权衡利弊，不会因为不舍得，导致必须舍得更多。

1996 年，著名连锁超市家乐福进入了中国香港市场。当时，家乐福已经在中国大陆和中国台湾都打开了局面，占有一定市场并稳定运营，因此对中国香港这块新市场也充满了信心。

但家乐福的运气似乎不太好，正好遇到了东南亚金融危机爆发的时刻，香港经济受到剧烈冲击，短时间内经济滑坡严重。人们在危机之中都攥紧了手里的钱包，民众的消费需求和欲望持续下滑，家乐福致力于推广的大型超市在香港生不逢时，一直没能照预期的那样收获成果，市场份额的占比也迟迟不能提升。

家乐福在香港坚持运营了 3 年，但还是入不敷出，根据业内数据统计，家乐福的市场份额在香港零售产业还占不到十分之一，根据其较高的运营成本计算，直接亏损额度超过数亿元。最后，家乐福高层拍板决定，退出香港市场。

家乐福在香港留下了一个失败者的背影，固然令人遗憾，但这种急流勇退的行为未尝不是一种幸运，因为这也是一种及时止损，断绝了更大的亏损可能。即便是家乐福这样的全球第二大零售商，都会在亏损时放弃自己的利益以保全更多资源，对个人来说，更应该懂得及时止损、舍弃当前利益而换取更多机会。有的人为了面子背着包袱，生怕自己的放弃代表示弱、代表失败，但连家乐福这样的大公司都不回避失败的投资举措，我们又有什么可顾忌的呢？在损失达到临界点的时候，改变自己的策略，是勇敢、不固执、善于变通的表现，并不丢人。

止损的思维如此，止盈也是类似道理。其实，本质上它们都是关于舍弃的哲学，只是判断自己该在什么时候舍弃而已。

大学刚毕业时，杨春明兴致勃勃地租了一家地下室，琢磨着如何创业。当时正是互联网飞速发展的时期，人们迎来了"全民创业潮"，各种创业项目满天飞。

他最终的创业项目是"共享健身房"，在地铁站、写字楼等许多公共区域，创设一些迷你健身区域，可以为上下班的人提供健身服务。项目上线以后，艰难运行了一个月，终于吸引到了投资。

半年以后，他们的公司要被收购了。杨春明告诉朋友："那是一家更大的共享健身公司，他们想通过收购竞争者的方式扩大自己的行业竞争力。我看价格不错，就答应了。"

朋友有些诧异，劝他说："你不是干得挺好吗？现在甘心卖了公司去做上班族，错过致富良机？"

杨春明神秘地摇头，说："那也得看是什么时候。现在我看明白了，这些共享概念能落地的没有几个，我的共享健身方案也不知道能坚持多久。它已经让我积攒了经验，现在还能给我带来一笔不错的收入，为什么不及时抽身呢？"

果然，几年过去，各种共享创业的概念变成一地鸡毛，当初发起收购的那个公司也不知道转行去做了什么项目，而杨春明已经凭借自己丰富的履历在某大厂当上了管理者，在一线城市扎下根来。

人既要有理想，也要脚踏实地，懂得止损很重要，懂得止盈更是一种智慧。

能在关键时刻干脆地止盈和止损，就是懂得放手的人。该放手的时候，千万别犹豫。不可过分地计较一得一失，准确掌握收放的点，才能使效率最大化。

很多人做不到这一点，这种不懂舍弃的思维在生活细节上就能体现——你的家里有没有堆放着很多旧杂物？是不是一搬家，总能收拾出一些完全没用的东西，还纠结犹豫不想丢掉？需要你来选择和承担后果时，是不是总瞻前顾后，摇摆不定？

心理学上认为，当一样物品不属于我们时，我们总能理性地判断出它的合理价值；但一旦你拥有了它，它在你心中的评价就会提升，你会认为它值得更高的价值——哪怕别人不这么认为。这种和其他人的认知落差，就经常在做决策时蒙蔽我们的双眼。

所以，客观地评价一件事情、一个选择、一种能力的价值，然后设置自己投入的止盈点和止损点。你可以评估一下自己的承受能力，当一件事给你带来的负面影响达到什么程度时，你会觉得很焦虑、无法忍受？那个点就是你的止损点，一旦到达，就提醒自己快些舍弃，不要被情绪影响。反之亦然，不要因为获得太多就不舍得止盈，一旦到达了之前评估的止盈点，及时舍弃可能会更好。

这样，你在做决定时会更客观、理性，不会受到情绪困扰导致无法抽身。

变通锦囊

思维不要僵化，不做固执的人，在为人处世时可以设置一个止盈点和止损点。不管心里多么不想放手，只要到了这个点，就必须转变行动方向。以此为原则，或许你能发现更多的人生机会。

凡事总要多想一步

成就皆从实践中来，判断一个人能否赢得漂亮，不要看对方说了什么，要看对方怎么做。同样是实践，能不能真正用心做事，是否善于在每个阶段总结思考，都决定了个人在实践中成长的快慢。成事之道在于实践，而实践推着我们思考和前行，如果凡事比别人多想一点，就能比别人多走一点，日积月累便是极大的优势。

凡事多想一步，看似简单，其实是一个不断去芜存菁的过程，也能让人由表及里、以点带面地发散思维看待问题。如果总是等到问题出现在面前才解决，每次也只着眼于当前的困境，不愿意深想其内在原因，也不将目光放长远，就永远处于被动之中。成事可不能依赖见招拆招，要有长远的目光，勇于解决藏在水面之下的冰山，才能赢得长远。

所以，看问题要有深度、懂变通，没暴露的问题不代表就可以忽略，不紧急的矛盾也并不代表没有重要性。

麦当劳和肯德基的例子就证明了这一点。在中国，这两家餐饮品牌可谓是"一时瑜亮"，由于定位极其相似，在市场上产生了激烈的竞争。起初，麦当劳比肯德基先进入中国市场，这早出发的几年令麦当劳抢占了先机，原本足以让这个具有巨大影响力的国际品牌快速占领中国市场，但结果却并非如此。肯德基虽然来得晚，气势上一点没输给麦当劳，甚至一度占据上风。

究其根本，一个重要原因是麦当劳被自己在欧美市场的成功经验限制住了，没有灵活地看待东亚市场，缺乏本土化的动力，在中国出现了"水土不服"。麦当劳作为最早进入中国的"洋快餐"品牌之一，在餐饮市场上的优势非常大，几乎没有什么竞品。绝佳的入场时机和蓬勃发展的广阔市场迷惑了麦当劳决策者的眼睛，让他们没有多想一步，好好考虑新市场中独有的问题，而是直接照搬自己在西方市场上的经验，时间久了，问题自然浮现。

麦当劳没有根据各个国家的饮食习惯推出差异化的市场策略，只是将自己的经典营销策略和经典产品平移到了中国。比如，在美国时，麦当劳习惯将门店开设在加油站附近，因为美国的汽车保有量很高，人们几乎开车出门，加油站是必经之处，急于赶路的人可以在麦当劳享受一顿速食快餐，这完全符合市场需求。麦当劳在美国所赚取的利润 70% 源自"加油站策略"，但在中国，这个策略却遇冷了。在 20 世纪八十和九十年代，中国刚刚发展起来，开得起私家车的人更是少数，加油站的麦当劳几乎无人问津。反而是繁华的商业街上，带着孩子逛街的家庭愿意狠狠心，满足孩子的需求，给他们买上一顿"洋快餐"过过瘾。麦当劳没有摸准市场的需求，便错失了良机。

而肯德基则不同，在进入中国市场初期就进行了深入的市场调研，让策略比行动多走一步，想得更全面。意识到在中国市场中，

"洋快餐"的定位往往跟家庭、孩子相关联,肯德基很快推出了两个拳头产品——儿童套餐和全家桶。这就把握住了消费者的命脉,试问,谁小时候没有被肯德基儿童套餐附赠的精美玩具吸引,渴望拥有一个呢?而买一个全家桶,家人都可以分享这种快乐,更是让人难以抗拒。于是,当时的城市家庭十分流行在过年过节时买肯德基哄孩子开心,甚至很多孩子的记忆中,仍保留着在肯德基过生日的幸福回忆。懂得本土化的肯德基可谓是摸准了国人喜好,虽然来得晚,却更快速地抓住了人们的心。

在产品开发上,肯德基也比其他洋快餐更早地意识到因地制宜、创新口味的重要性。麦当劳追求经典,推出的产品往往以汉堡、牛肉等为主,虽然符合西方饮食习惯,却不容易打动中国人的胃;肯德基更加灵活,不仅主打以鸡肉为特色的餐品,还根据地域不断创新,经典的老北京鸡肉卷、嫩牛五方、川香辣子鸡等,都是符合中国特色的产品。

当肯德基后来居上时,麦当劳才意识到自己需要懂得变通、做出改变,尽管它的改变还算及时,也走出了一条差异化的路线站稳脚跟,到底还是失去了一开始的优势,遗憾地将一部分蛋糕拱手让给了竞争对手。这个事例告诉我们,考虑问题多想一步是多么重要!让策略比行动走得更早,多想一步可以更快地抢占市场,也能转被动为主动,实现后发先至的逆转。

经验从实践中来,与其让惨痛的失败狠狠教训自己,不如遇事多想一步,提前躲开路上的陷阱,让自己免去走弯路的困扰,行动会更有效率。

　　成事需要提前规划，同样都要倾注时间和精力，不如在行动之初多花时间研究，也好过行至中途推翻重来，凡事多想一步，不少问题能提前排除。

第五章

要想
口才好，
就要懂变通

会说话的前提是会观察

读书的时候，教数学的老教师总喜欢强调，要我们"透过现象看本质"。学数学需要洞察力，做人亦如此。我们不必解书本上复杂的公式、艰涩的习题，但面临的关于生存的问题，不比读书时简单。如此，便更要学会发现一切事物潜藏着的本质了。

狄德罗曾说："一个人心灵的每一个活动都表现在他的脸上，刻画得很清晰，很明显。"善于观察，就是走进了一个人的内心，能让我们窥见他们没表达的意思、未说出的心声。有些人虽然是不爱张扬、不喜欢聊天的性格，却很会沟通，正是因为观察力独到，才能将话说到点子上。他们虽默默无言，但心里如明镜一般，也许是因为在言语交流中花费的精力少了，能够投注在观察上的时间便多了，对事情的认识往往也更加深刻。

雷晓负责公司的招聘和人事工作，经常需要与候选人交流，但他在生活中是个很沉默的人。很多人认为这种性格的人，一定会有交流上的短板，然而雷晓用自己的经历证明了，交流完全可以通过后天来提升，而天生谨慎的性格，反而有利于观察那些来应聘的候选人。

　　雷晓曾经通过自己的细心观察，发现过很多应聘者表现中的破绽。一些冒失的面试者急于向面试官展现自己的专业，在面试时总是专业名词不离口，夸张自己的行业经验，这或许能够唬过一些外行，尤其是在公司并不注重技术面试专业性时。但对雷晓而言，哪怕他不是内行，也可以从对方的反应观察出端倪。

　　"同样一个项目的细节问题，是不是由对方来负责，对方是不是真的懂，只要试一试就知道了。他们的表情、动作、语言组织能力和逻辑性，都能体现出他们对专业工作的了解。"雷晓说。

　　有人问他平时都是怎么参与招聘的，雷晓说出了自己的秘诀——认真观察。雷晓说："从面试者进大门开始处于我的视线之内时，我就会观察自己在意的方面。不同的招聘者会在意不同信息，但是综合来看，他们都会根据面试者的言谈举止来判断是否适合这个岗位。所以有观察能力是很重要的，甚至比沟通和交谈的能力更重要。"

　　而且，沟通与交谈的话题也可以通过观察能力来发掘。观察——是开启一切深度谈话的基础。

　　如果我们没有从外界获取信息的能力，就没有输出的能力。

　　对于雷晓而言，他强大的观察能力在这一刻就能发挥出最大的效果，通过短时间内对一个应聘者从穿着打扮到言谈举止的观察，他便能收集到很多信息，最终判断这个人是否适合他们的岗位。

　　在面试的时候，雷晓的评价分量是很重的，但他却是最不爱提问、聊天的那个。他往往一直在沉默地观察着，整个流程甚少说话，但越是这样，他越能老练地找到旁人可能忽略的细节重点，因为他没有被言语分散注意力，反而观察得更细致、更专心。

所以，当我知道话最少、人最内向的雷晓却是金牌面试官时，我并没有感觉到讶异。聪慧之人往往不多话，但一定看得清。

言多必失，无论在任何场合都是成立的。多数人往往是在自己熟悉的环境下，才容易出现言语上的冒犯和错漏。在对周围的一切感到陌生时，人们往往都是谨慎寡言的——他们因为这种不熟悉，格外注重自己的言语行为是否会失态、冒犯。

这个警惕的过程让我们少了许多犯错的可能。而一旦熟悉起来，许多人便不可避免地展露了本性，有的人喜欢高谈阔论、天马行空地吹牛，丝毫不顾事实与自己的言语描述有多大差别；有的人在亲近的朋友或放松的环境下，喜欢对他人进行褒贬评论，一不小心便暴露出对他人的厌恶或偏见；有的人一旦生出骄娇之气，便在言谈中显露出傲慢之心来……

这就是招来恶感的源泉。相比之下，沟通中发言谨慎、到位的人，始终是多观察、少表达的那类人，他们很少说出过于不合时宜的言论，大多数别人发言的时间，他们都在倾听——这就是观察的过程。观察可以让我们学到许多东西，复杂的关系、某个行业不为人知的潜规则、交往对象的好恶……这些信息，不是靠我们说话发现的，而是从别人的语言中观察发现的。

喜欢说话的人热爱表达自己，爱倾听的人喜欢观察别人，而成事之道讲究圆融中庸，想在交际中崭露头角，就要灵活地变通这两种策略，将表达能力和观察能力结合起来，才算是找到了正确途径。

沟通能力是表达和倾听的综合表现，要懂得变通运用，在不熟悉的场合和对象面前，尽量"眼观六路，耳听八方"，同时谨慎开口。先观察熟悉情况，胸有成竹之后再开口表达，能避免在言语上不经意间露怯，更容易说到别人心坎上，达到"一鸣惊人"的效果。

学会示弱，避免语言冲突

人际交往中，给予对方足够的尊重是赢得好感的基础，尤其是在传统文化中，"人活一张脸，树活一张皮"的俗语说明了面子文化的根深蒂固，交流中给别人面了，才能让人给自己面子。尤其是要规劝他人时，切勿坚持"忠言逆耳利于行"，态度上善于示人以弱，行动上才有机会步步紧逼，言语中懂得说软话，办事的手腕才能硬得起来。

唐太宗李世民作为开创贞观之治这一盛世的贤明君主，向来以善于纳谏著称。即便如此，遇到魏徵这种硬骨头，总是当面指出问题并直言进谏，李世民也会感到不快。

有一次，李世民宴请群臣，多饮了几杯之后忍不住吐露心声。他对长孙无忌抱怨道："魏徵从前效力于李建成，即便如此，我也不计前嫌地重用他，可以说无愧于对方。但魏徵每次都犯颜直谏，让我面上无光，不赞成我的话时，便默然不语，未免太没有礼貌。"

长孙无忌急忙劝说太宗："臣子进行劝谏，是因为事不可行，若内心不赞成却不表露出来，恐怕会给陛下造成错误的印象，以为事情可行。"

　　李世民并未被长孙无忌这番话劝住，而是说："臣子可以当面顺从，待私下再找机会，一样可以陈说利害，劝谏君主，这样不是对双方都好吗？"显而易见，李世民并不是一个直来直去、不懂人情世故的君主，他甚至能主动提出这种"当面一套，背后一套"的沟通策略，所以他不能理解魏徵为何不能给自己留面子。

　　即便是这样贤明的君主，面对魏徵当面直指自己错误的行为，也会感到恼怒。何况是一般人，身上没有身为君王的责任束缚，更不可能容忍这种交流方式，心思早就转嫁到了对发言者的反感上，更不可能冷静下来思考对方的建议了。这种无效的交流，不仅不能起到劝告作用，还会让双方的关系跌至冰点。

　　虽然魏徵劝谏的出发点是好的，皇帝也明白这一点，但在被直指错误的时候，那种被冒犯的怒火也会涌上心头。相比之下，长孙皇后就很懂得说话技巧的变通，同样都是劝谏，换一种方式去说，在态度上示人以弱，反而效果极好。

　　一次，魏徵在朝堂上与李世民针锋相对，双方都不肯让步，又惹怒了李世民。李世民本想当场发作，但冷静下来想到自己的身份，还是按捺住了不满。等下朝之后，他就不再掩饰自己的愤怒，在宫内发火道："这个乡巴佬，我早晚要杀了他！"

　　长孙皇后见状连忙问道："不知道陛下想杀的是哪一个？"

　　李世民怒气冲冲地说："就是魏徵那个家伙，他总是当着众臣顶撞我，实在是欺人太甚了！"

　　长孙皇后本想替魏徵辩解几句，但看到李世民怒火中烧的样子，便知道对方现在听不进自己的话，贸然说出口只会激怒皇帝，让情况更加糟糕。于是，长孙皇后一言不发，没有火上浇油，而是选择了一种迂回婉转的方式表达自己的态度。她回到内室，穿上全套正式的朝服，在李世民惊讶的目光下郑重下拜。

李世民看到皇后的举动，一时间摸不着头脑，连忙问："你这又是做什么？"长孙皇后笑盈盈地说："我是在祝贺陛下啊！听说，当君主开明的时候，朝堂就能清朗，大臣也会忠诚正直。现在魏徵为什么敢直言进谏，甚至当众顶撞陛下呢？当然是因为陛下是一个开明贤德的君主，我一定要祝贺陛下才是。"

李世民这才明白了皇后的举动到底是什么意思。他虽然知道皇后也是在绕着圈了劝谏自己，想让自己不要责怪魏徵，却并没有因此感到生气，甚至连原本的怒火都基本平息了。毕竟，长孙皇后说得有道理，自己作为一个贤明君主，怎么会跟臣子计较呢？这样一来，李世民对魏徵的怒火便烟消云散，甚至对他直言进谏的行为也变得更宽容了。

如果长孙皇后不顾李世民的怒火，直来直去地让他容忍魏徵，恐怕换不来这样皆大欢喜的结果，还会让皇帝觉得自己的皇后居然偏向外人，与自己不是一条心。而这种委婉的劝谏态度更加温和，是一种示弱的姿态，更是将暗中的劝谏藏在明面的褒扬之下，用赞美让对方放下戒心，更容易听进去自己的话。

所以，表达时要有技巧，同样的内容可以用不同途径去表达，懂得变通方法，寻找一个别人更容易接受的态度，更容易避免语言上的冲突，成功说服他人。

越是尖锐的声音，越要选择温和的表达方式，在态度上多示弱并不吃亏，先让对方放下戒心、愿意倾听，你所说的话才能最高效地传递到对方心里。坚持自己的原则，不代表说话要固执地直来直去，巧妙选择交流方法，可以搭建高效的沟通模式。

言简意赅，少就是多

清代知名画家郑板桥在诗中曾说"冗繁削尽留清瘦"，强调画画时要去除繁杂的细节，提取其中的精髓，突出重点才能有简洁明快的画面。当今则有人说："言不在多，达意则灵。"删繁就简的道理不仅适用于画画，也适用于与人交流。越是重要的内容，表达时越是要少而精，惜字如金才能一字千金，让人生出重视心态。

言简意赅其实就是一种表达上的变通，再次验证了"少即是多"的道理。

1863 年，美国南北战争中，北方部队在一场重要战役中占据上风，直接导致胜利的天平倾斜至北方。为了纪念在这场战役当中牺牲的全体将士，宾夕法尼亚等州决定在葛底斯堡建立一个烈士公墓。

11 月，公墓终于落成，他们邀请了美国总统林肯到会上演讲。这看似是一次非常日常的邀请，但对林肯来说却很有挑战性，因为这次仪式的主讲人颇有来头。主讲人艾弗雷特作为政治家和教授，在美国民间颇有声望，被认为是最有演说能力的人。这次烈士公墓的落成典礼上，艾弗雷特也是最被期待的发言对象，而林肯只是因为他的总统身份才被邀请，以完成一个"政府发言人"的使命。

虽然林肯知道，他只要在仪式上露面，就已经圆满完成了任务，而演讲内容并不那么重要，但还是不免感到压力。尤其是在这场典礼上，艾弗雷特先一步上台，进行了一场长达两个多小时的精彩演讲，一如既往地赢得了大家的肯定和喝彩。这种情况下，林肯的演讲要如何安排，才能与观众有效交流，并赢得他们的认可和掌声呢？

林肯选择的方式非常简单，就是反其道而行之，不再追求华丽的演讲内容，以尽可能简洁却直指精髓的方式传达自己的态度。林肯的演讲不过 10 句话，从他上台到下台，前后也不过用去 2 分钟，但台下如雷的掌声，已经宣告了这种简洁而有力的演讲带给大家的震撼。

观众的掌声持久不息，台下一万多名观众的认可却只是一个开始。很快，林肯的演讲就轰动了全国，在报纸上有评论家点评："这篇演说短小精悍，但却措辞精练、感情深厚，行文完全看不到任何瑕疵，实在是无价之宝。"

回去后，艾弗雷特在第二天给林肯写信，说："我用了两个小时的时间，才刚刚触及你所说的核心思想的门槛，而你只花了两分钟，就把它们都说明白了。"

林肯这篇仅仅有 10 句话的演讲词，后来被收藏到牛津大学图书馆，成为公认的英语演讲的典范之一。可见，如果能用简单的语言说出直指核心的话，会给人的心灵带来更大的冲击，让你的人格魅力得到彰显。我们在表达时，不需要对句子进行繁复的修饰，只要抓住最根本的核心问题，传达你的主要想法就可以。

　　传达重点信息的时候，话少而精练，起到的效果会更好。在什么场合就应该说什么样的话，传达重点信息，就是要快速抓住对方的眼球，如果词不达意，不仅会消耗别人的耐心，也无法长时间凝聚听众的注意力。相反，如果一个沉默寡言的人，每次说话都能说到点子上，他的话一定会成为风向标一样的存在，格外被人重视。

　　越是重要的时刻，发表意见时就越要小心谨慎，牢记"言多必失"的道理，用适当的沉默和惜字如金的态度，提升自己所发表的意见的价值。在重要场合下的一针见血、言简意赅，往往会起到震撼心灵的效果，更容易被人铭记。

沟通有条理，说话有逻辑

麦肯锡是一家十分有名的咨询公司，"30秒电梯法则"就是这家公司提出的一个著名理论，即每个业务人员必须具备在30秒内向客户表达清楚方案的能力。

为什么要求这样严苛呢？并不是麦肯锡只留给业务人员这样短暂的表达机会，而是通过这种思维训练，业务人员可以不断梳理提炼自己的表达，达到在任何情况下都能组织语言表达核心思想的目的。当沟通有条理、说话有逻辑时，别人才能明白你的意图，不容易造成误解，交流也会更通畅。

公司有个新同事小钟，大家对他的评价就是糊里糊涂。小钟并不是不勤奋，相反，他大多数时间忙碌在工位上，一旦有学习的机会，他也冲在最前面。但他到底学到了什么或做了什么，谁也不清楚。每每需要拿出成果，小钟总是支支吾吾，直到别人刨根究底才发现，他的进度总是慢一些。

做事不聪明是小钟效率低的主要原因。对自己当前的工作没有明确计划和整体认识，总是别人安排他什么就做什么，做完了就忘，长进自然很慢。

需要他跟别人合作时，小钟沟通起来效率也不高。比如，公司需要采购某些关键设备，恰好带他的前辈生病了，就把这件事托付给了小钟。小钟一口答应，当即就在部门会议上积极提出设备的采购需求。

当领导问为什么要购买这些设备时，小钟就将之前整理好的信息——汇报，至少说明了自己的需求，但问到具体的采购方案，他就开始迷糊起来，总是拿不定主意。最后，他干脆将自己整理的几版方案都摆了上来。资料和方案路线密密麻麻铺满了大屏幕，大家看得头痛，根本没有头绪。

这样讨论了足足半个多小时，还是没有任何结论，领导觉得耽误时间，便说："这件事既然交给你负责，你就把每种方案的优劣总结一下，整合成最佳方案再讨论吧！我们只要结果，不要讲这么多过程。"

随即，大家就开始讨论下一个工作。小钟懵懵懂懂点点头，却觉得自己可能做错了什么。果然，前辈回来后说："这次你没抓住机会敲定这件事，下次就不知道什么时候再讨论了。"

"咱们不是可以随时汇报吗？"小钟说。

前辈无奈地说："领导可不是总等着帮你处理这些小事，而且，现在领导手里正好有一笔快要到期的项目经费，很多人盯着呢，这次没敲定，下次可能就没有预算了。"

后来，等小钟整理好了汇报时，领导手里的经费果然已经分得差不多了。如果第一次展示方案时，他就能简洁快速地传达重点，给出大家一个结论，项目的讨论效率一定会高很多，就不至于浪费这个难得的机会了。

在沟通时，有明确的表达目标，每次都能说清关键点，才能把握住任何稍纵即逝的机会。麦肯锡的"30秒电梯法则"，要求人们在极短时间内表达自己想要说明的问题，并且把结果直接传达给对方。所以总结下来，表达的关键核心就是两个——直奔主题和直指结果。

能做到这两点，你的沟通就成功了一半。这里也有一些小技巧可以参考，比如建立一个吸引人的开头，人们才愿意继续倾听。开始时可以语出惊人，通过出乎意料的表达，将对方的注意力吸引住。良好的开端是成功的一半，只要别人被你的开头吸引了，并且愿意继续探究接下来的内容，他就很有可能从头到尾听完。这样可以加强双方的沟通效率，点明主题让沟通直指内核，不再浪费彼此的时间。

善于总结提炼观点也是一种讲话有逻辑性的体现，首先你的观点一定要独特鲜明，能够抓人眼球，其次则是具备逻辑和节奏，表达时详略得当，记得控制自己总结的条目数量，最好保持在三条以内。因为人的注意力和记忆力都是有限的，非特殊情况下，人们只会对前三条内容留下印象，所以只说最重要的三条就够了，千万不要把条目列得太细致冗长，这样会让对方的印象更模糊混乱，很难抓住你要表达的重点。

能够做到以上几点，你就可以提升自己的沟通能力，让你说的话更容易被别人理解。

行动要"三思而后行"，说话也要琢磨过后再发言，不会总结归纳，只做一个传声筒，很难成为重要角色。沟通表达一定要有条理性，沟通的效率才能提升。

赞美也要投其所好

作家威廉·詹姆士曾经说过："人类本质中最殷切的需求是渴望被肯定。"没有人会拒绝他人的赞美，大家都喜欢正面积极的刺激，不会有人愿意在别人的贬低中生活，这是人之常理。

如果你能懂得赞美的妙用，并愿意去肯定别人的优点，相信你的人际关系一定非常好。乐于赞美别人的人，往往也能得到来自外界正面的回馈，形成一种正向循环。

曹雪芹在《红楼梦》中就写过这样一段剧情：史湘云与薛宝钗纷纷劝解宝玉积极学习，日后去做官，宝玉素来不喜这些俗务，对这样的话非常反感。

他想起了林黛玉高洁雅致，便说："林妹妹从没说过这些混账话，要是她说这些混账话，我早和她生分了。"

前来寻宝玉的林黛玉此时正站在窗外，无意间便听到了这句话。她一时间惊喜万分，只觉得宝玉没有辜负自己待他的一番真心，彼此都将对方视为知己。

这变成了宝黛两人互诉衷肠、倾吐心声的契机，两人的感情也因此得到了升华。

背后夸人方显真心，若是宝玉当着黛玉的面这样说，难免有讨好奉承的意思在，反而显不出可贵。如果当事人不在时，也不吝于向别人赞美对方，这种赞美就会显得更加真诚。

虚伪的奉承和流于表面的巴结，看起来也是赞美，却不能打动他人。懂得赞美别人固然是一件好事，但更珍贵的是，你能发自内心地赞美别人，眼中能真正看到别人的优点，并认可对方。所以，并非一味说好话就能带来好结果，打动人心的赞美是要有根据的，如果言过其实，谁都会怀疑你的真实目的。

清代政治家、湘军将领左宗棠最喜欢的动物就是牛，就如古人所言"但得众生皆得饱，不辞羸病卧残阳"，牛身上那种踏实肯干、任劳任怨的形象深受左宗棠认可，他认为牛代表任重道远，甚至把自己看作牵牛星的转世。

左宗棠到底有多喜欢牛呢？在他的后花园里能看到一个水池，左右两边各立着一个石人，意喻牛郎与织女，而牛郎的石雕旁边就是一头石牛的形象，左宗棠将它比作自己。

一次吃完饭后，左宗棠捧着自己的肚子说："将军不负腹，腹亦不负将军。"他体形肥胖，吃饱后肚腹尤其明显，但显然心态很好，还以此为荣。他打趣地问周围的人："你们知道我这肚腹之中都装了些什么吗？"

大家听了，都争相凑趣，回答道："您这肚子里是满腹文章。""我看您肚腹之中有十万甲兵。""要我说，应该是包罗万象才对。"

下属们就这样你一言我一语，眼见着就要把左宗棠夸上天了，但并没有说到左宗棠心中，他连连摇头说："不对，不对。"

这时，一个校尉站了出来，大声说："将军的肚腹之中装满了马绊筋！"在湖南，牛吃的草就被人们称作"马绊筋"，这是说左宗棠的腹中全是草料。若是放在一般人身上，只怕要大发雷霆，觉得对方在侮辱自己了。

可左宗棠不一样，他平生最爱的是什么？正是牛。听到这个答案，他拍案叫绝，连连点头道："正是如此。"不久之后，小校尉就得到了提拔。

校尉的话如果是说给别人听，必然会得罪对方，但说给喜欢牛并且自喻为牛的左宗棠听，却是恰到好处。所以说赞美也要有凭据，拍马屁千万不能拍到马腿上，抓住别人内心想要的东西，赞美才能说到点子上。

一个人如果经常口出恶言，说话总是指责别人的缺点，一定会给人挑剔的印象，让人觉得难以相处，容易与周围人产生隔阂。而善于赞美，可以增进彼此关系，营造一团和气的氛围，不管是工作还是生活都能更顺利。但赞美一定要讲方法、懂变通，不要流于表面或千人一面，那样便显得很不走心、十分敷衍。恰到好处的赞美可以令人铭记一生，给你带来源源不断的正面影响。

变通锦囊

　　针对不同的场景和不同对象，一定要选择合适的出发点去赞美。如果时机不对，很容易弄巧成拙，让人以为你在故意讽刺，反而带来负面影响；而投其所好的赞美，则能在特定的人身上达到翻倍的效果。

找到共鸣，怎么说都漂亮

从陌生到熟悉需要一个阶段，人人心中都提着一股绳，生怕自己不够谨慎，反而容易导致"心墙"更厚。要破冰可不容易，不懂沟通的人往往会顺势打起退堂鼓，根本不想凑上去找没趣。但其实，用一些小套路变通一下，你就能轻松打破尴尬，在拉近关系上走个捷径。比如，寻找对方感兴趣的话题进行沟通交流，你们会很快亲密起来。

苏晴在团队中实习时，就是靠这种方式很快跟某一位老同事熟悉了起来，她后来帮了苏晴不少忙，带她融入这个团队，减少了许多可能遇到的尴尬。

其实，熟悉的契机很偶然，也很有趣。苏晴在新工位摆放东西的时候，无意间发现隔壁的同事电脑桌面是一款游戏，就随口提了一句。

没想到，同事特别激动。苏晴亲眼看到这个年轻的姑娘从椅子上一跃而起，开心地问："你也知道这个游戏呀？我身边很少有人了解的，我是死忠粉，已经玩了 4 年了。"

恰好，苏晴也曾玩过这款游戏，虽然对游戏的兴趣不大，只玩了三个月就放弃了，但谈论起来还是很有共同话题的。更何况，在周围人都不了解的情况下，她就相当于是同事的知己了。

仅仅两三句话，两人就热聊了起来，从这个话题逐渐延伸到了许多地方，然后发现彼此有很多共同的兴趣点。这让寂寞已久、跟别人没话题的同事特别高兴，中午便主动邀请苏晴一起吃饭。

苏晴来实习的第一天，就这样顺利融入了团队。而后来，她和这位同事也成为不错的朋友，即使苏晴已经离开了那家公司，但彼此保持着联络，也会时不时讨论一些生活、工作中的趣闻。

回想当初，她们开始熟悉起来的机会就是那么简单——找到了彼此都感兴趣、有话聊的话题。"尬聊"是最难开启的聊天，"自来熟"是最难寻找的状态，想跟一个陌生人快速熟悉起来，则是全世界最令自己为难的挑战。但当你有足够的观察能力，可以在短时间内迅速确定对方的特质，分析出对方的性格和喜好，便可以顺着对方的喜好和感兴趣的点开启一段话。

这很容易拉近和聊天对象的距离，因为对方会将你当作生活中可以倾诉的、有共同语言的对象，你的地位和形象在他们心中将变得与众不同，潜意识里对方会认为你是值得亲近的。

投其所好，比任何一种讨好方式都更能拉近彼此的关系。但能真正在沟通中投其所好的人其实并不多，因为我们往往自以为找到了对方感兴趣的点，却在实践之后才发现，对方压根不在意这些话题。所以，唯有看透一言一行，才能把握对方心态。

在公司，小林是非常有名的谈判专家，因为大家都知道他会掌握谈判的节奏、抓住对方的心理，总能在意料之外拿下一些项目。

比如，在谈判时，小林会始终观察别人反映出的心理状态，判断出对方到底对哪些地方感兴趣，这样就能达成"知己知彼，百战不殆"的目的。

他分享了自己最近的一次项目经验："当我们介绍到第二部分，我观察到对方的负责人吴经理表现出心不在焉，我就知道，坏了，他已经开始不感兴趣了。"

当时吴经理双手环抱胸前，一只手的手指不停在胳膊上无意识地敲打，眼神也在PPT和桌子之间游移，这些动作表明对方现在有些警惕和抗拒，而且心思也没有专注在他们介绍的内容上。

小林当机立断，快速结束了这部分介绍，微笑着说："我们的会议开了也挺久了，不如休息一会儿，我带您去公司的休闲区逛一逛。"听到这里对方果然欣然答应了。

小林作为负责人，并没有按照一开始的规划将接下来的内容讲完，这让参与的助理非常紧张。他对助理解释说："计划是死的，人是活的。现在不能继续讲了，再讲估计也没效果，吴经理可能会为难我们或不想签这个项目。"

小林带着吴经理在公司转了转，通过非正式的场景让吴经理放松精神，对方果然松懈了许多，也透露出自己的顾虑——小林所在的公司成立没有多久，吴经理担心他们缺乏经验，无法将项目做好。

经验问题是一时半会无法弥补的，小林只能从其他地方寻找突破契机。他发现，自己介绍公司企业文化的时候，吴经理似乎非常有兴趣，在宣传栏前驻足了多次。小林就顺势把他带去了员工休息的地方，那里不仅布置得温馨舒适，还经常有员工一边休息，一边探讨相关的工作问题，交流气氛活跃又积极。

"我们公司的很多好点子都是大家在休息室中讨论出来的，有时思想碰撞一下就会有新的想法和发现。"小林说，"因为我们公司年轻人和高学历的技术人员比较多，所以气氛偏向于研究机构，大家很喜欢这种头脑风暴的茶歇时间。"

看到吴经理连连点头、身体前倾，表现出感兴趣的状态，小林就多介绍了一些相关内容。这样参观了一圈再回到会议室，吴经理的态度明显比之前和缓了许多，说："虽然你们公司看起来历史比较短，但是有技术就很好，未来会很有发展潜力嘛！"

小林一听就知道，接下来的谈判，有戏！后来对方果然签下了这个合同。

小林并不算是一位多话之人，在跟客户交流和谈判的过程中，也多是谨慎观察、小心发言。他甚至在技术问题上不太有研究，过于高深的技术问题经常讲不出来，只能寻找前辈或专家帮忙。但这种"察言观色"和"投其所好"的能力，使得小林成为公司最器重的员工之一。

能够把内容传达给对方很简单，能够将内容恰到好处、以对方感兴趣的姿态传达出去，并不容易。小林就做到了足够认真地观察，所以能抓住对方每个情绪波动的细节，知道对方的心态变化和真正想要的。

当我们在表达亲近、想跟对方拉近关系的时候，都可以注意选择别人感兴趣的地方着手。上有所好，下必甚焉，曾有"楚王好细腰，宫中多饿死"的传说，可见人人都知道投其所好的重要性。其实，这也是沟通中最容易操作的一种方式，因为只要投其所好，你不必掌握多少语言技巧去吸引他人，也不必多么热情主动、伪装熟悉，别人就会发自内心想跟你讨论、亲近，话题自然而然便打开了。

  找到共鸣，就可以顺利开启和陌生人的沟通之路。聊天时要将注意力放在对方身上，观察和选择他们可能感兴趣的话题，围绕着对方的兴趣点来沟通，一定不会冷场。

幽默感是魅力的调味品

有魅力的人不一定英俊潇洒、美艳动人，但往往都具有一项非常重要的特质——幽默感。幽默感是一种高智商的表现，不够聪明的人，很难理解别人话语中的幽默意味，更不要说玩转这种幽默，增添自身魅力了。所以一个人若有幽默感，别人也会高看你几分，讲话自然而然就带有吸引力，也更令人信服。

英国首相威尔逊身上就有一种典型的英式幽默。有一次，他在进行演讲时遇到突发情况，台下有一个其他党派的支持者不断捣乱，在威尔逊说话时高声大喊："垃圾！"

对方声音实在是太大了，威尔逊的演讲不得不暂停下来。这种打断简单粗暴，却非常有效，如果身为首相的威尔逊不能迅速控场，很容易给人一种无能的形象，但暴力解决又不可取，一不小心就会酿成负面新闻。

此时，威尔逊急中生智，非常淡定地挥了挥手说："这位先生请坐下，少安毋躁。你刚才提出的关于环保的问题，我马上就会讲到了。"

台下听到了这句话，忍不住哄堂大笑，继而纷纷为威尔逊机智的反应鼓起掌来。

威尔逊成功用这样一句话转移了大家的注意力，让人们不再关注反对派和自己的激烈对立，打消了人们心中的恐慌和不信任感，顺便树立了一种风度翩翩且机智幽默的形象。这场意外发生了，却没有给威尔逊带来任何负面影响，反而因为他巧妙的处理方式，为其迎得了更多赞扬与支持。

在这种矛盾尖锐、场面混乱的情况下，善于运用幽默感往往能四两拨千斤地化解难题。正如林语堂先生所说："幽默是一种人生态度。"笑对人生，才能举重若轻。便是天大的难题放在眼前，幽默的人也能将它解读出趣味，生活好像就不那么难了。

著名书法家启功先生就是一个非常幽默的人。他向往古人不慕名利的风度气节，对个人作品的金钱价值并不十分看重。曾经有些书法铺子专门卖造假的作品，里面就明目张胆地摆着署名启功的书法，而且标价很低。有人专门跑去询问店主东西的真假，店主也并不隐瞒，十分爽快地说："要是真的，哪能是这个价钱？"

启功听说了，也专门来到这个铺子，仔细地看着店主摆在外面的书法。有人认出了他，赶紧问道："启老，这些书法真的是您写的吗？"

启功微微一笑，不仅没有生气，反而说："这可比我写得好。"

在场的人一听便知道启功的意思，都笑了起来。本来正主找上门来，就算没有发生冲突，气氛也是十分尴尬的，可启功先生用自己轻描淡写的态度与幽默的言语打消了别人内心的忐忑，也避免了一场不快。这既是启功先生的幽默，也是他的大度。

启功在书法界的名气很大，平时经常有人上门拜访，他的家中总是访客不断。有段时间，他身体不好，需要在家休养一段时间，可很多访客是慕名从外地赶来的，若是直接闭门谢客，难免会伤及对方感情。

面对这样为难的情况，启功沉思了一会儿，写了一张幽默的字条贴在门上，上书："启功冬眠，谢绝参观。敲门推户，罚一元钱。"

就算真的有人推门进来，难道启功还能真罚对方一元钱不成？显而易见，这就是一种幽默而委婉的拒绝。慕名上门的访客，看到这样一张有趣的字条，哪怕心中有遗憾，也不会觉得伤感情了。

在一些需要斟酌应对的场面，比如需要拒绝别人时，或者对方态度不佳、故意发难时，认真回应固然是正确的，但郑重其事的态度有时不一定能取得正面效果，反而是利用幽默感化重为轻，将原本一触即发的矛盾以一种轻松愉快的方式消解掉，会给人留下更深刻的印象。

变通锦囊

幽默是一种非常有力的武器，特别是在容易激化矛盾、造成冲突的严肃场合，变通应对，加入一点幽默元素能给原本凝重的场面引入一丝轻松，让双方的情绪降温、理智回归，也能凸显自身的风度与气度。

掌握分寸感才恰到好处

　　说话时讲究分寸感很重要，这比任何花哨的聊天技巧都有用。建立分寸感一定要懂得变通，把握好点到为止的节奏，明白在当下场合应该说什么话。特别是与他人沟通交流时，并不是话越多就越有效，一个人总是喜欢滔滔不绝地输出自己的观点，反而过犹不及，容易丢失说话的节奏，也掌控不好时间。

　　关于说话的分寸感，我们可以从央视著名主持人董卿身上学到很多。作为主持人，董卿把握节奏的能力非常强，知道什么时候该开口，什么时候该倾听，多一句或少一句都不够精准。所以你会发现，董卿作为主持人并不喧宾夺主，大多数时候在耐心倾听，但每次开口都十分亮眼，让人忍不住将目光倾注在她身上。她说出的话，就像画家画龙点睛时的一笔，虽然着墨不多，但精妙绝伦。

　　除了善于把控节目的节奏，董卿也很注意把握说话内容的分寸感。她从来都不会自说自话，非常照顾电视机前的观众以及现场的谈话对象，很少做出不适当的发言，让对方觉得不快。这是一些专业主持人做不到的，即便再注意，他们也会有一两次不小心说错话，导致台上的嘉宾十分尴尬的情况。但这种事在董卿身上，却甚少见到。

近些年，董卿主持了一档非常出圈的节目《中国诗词大会》，在节目中，一位特殊的选手吸引了许多人的目光。他不像其他的选手那样，年少成名，才华横溢，一副精英派头。他只是一个读了 4 年书就辍学，大半生都在务农的普通农民。

但这位大叔和其他的选手一样，都有一颗热爱诗词的心，这让他站在了梦想的舞台上。

在这位大叔的前半生，他大概从来没敢设想过，自己有一天能够走到央视，与这么多热爱诗词的年轻人同台交流。他的忐忑不安几乎写在了脸上，行动也是局促中又带着期待，那是对自己一生追逐的梦想的期待。

台下的观众听完这位大叔的故事，立刻就被感动了。感情上，大家都希望这个追逐梦想的人能走下去，因为他仿佛代表着千千万万个普通的自己，但理智上，大家也知道这位农民大叔未必能顺利晋级，毕竟那些年轻选手的实力有目共睹。

考验主持人表达能力的时刻到了，要怎么说才能既照顾到选手和观众的感情，又不忽略客观存在的可能失败现实呢？主持人一旦措辞不当，很有可能伤害别人，也给自己带来争议。在这种情况下，有的主持会公式化地开始煽情，等到气氛达到最高点时，瞬间引爆大家的泪点，赢取一波收视率。虽然是老套路但也很有用，可董卿却独辟蹊径，从另一个角度去阐述，既圆了大叔的梦想，又表达了对舞台的尊重。

她说："因为那诗啊，就像荒漠中的一点绿色，始终带给他一些希望，一些渴求。用有限的水去浇灌它，慢慢地破土，再生长，直到今天。所以即便您答错了，那也是这个现场里最美丽的错误。"

董卿这番话引得全场掌声雷动。她用最诚恳的态度去赞美了大叔坚定的信念，那是最珍贵的东西。但她也没有避开在这个现场可能产生的遗憾，反而告诉所有人，即便大叔在这里失败了，也并不需要难为情，因为他的经历已经足够珍贵，结果反而并不重要。

董卿的话没有将大叔推到一个崇高的位置上，让他充满压力、不敢失败，反而用温和而有深度的阐述缓解了大叔的紧张，也为他赢得了尊重。这种表述既显得有深度，又非常有分寸，是能照顾到所有人的一种讲话方式。

那些情商高的人在说话时都懂得变通，因为他们会站在别人的角度着想，知道照顾别人的感受。如果董卿没有设身处地站在大叔的位置上思考，很难想得如此周全，正因为她愿意体会别人的感受，才能在讲话时掌握好自己的分寸。

每个人在社交场上都应该明白，以同理心去对待别人，说话时一定要有分寸、懂变通，事物是瞬息万变的，没有一个固定不变的模版可以让我们时时刻刻拿来套用，想学会把话说到别人心中，先要体察别人的感受。当你能体悟他人内心的向往、渴求，也明白对方的窘迫与痛处，就自然而然地能说出有分寸的话，做出随机应变的行为，这正是我们想要的变通力。

掌握分寸感的关键是体察别人的想法，因为"分寸"不是根据我们的接受度来把控，而是根据对方的承受度来把控，如果不能体会他人的切身需求和渴望，怎么能控制好分寸呢？分寸感，是来自内心的善良和体贴，却表现在语言和行为上。

第六章

变通
是职场成功的
关键

要有不怕从头再来的勇气

　　稳定的生活会捕获每一个没有勇气改变的人，他们将选择的权利交给了别人，期盼头顶的大厦永远不会崩塌。而善于变通的人所拥有的勇气是最珍贵的，明白世事无常、变通为要，说明他们有勇气面对随时可能到来的变化，也有迎接变化的底气，这种人更不容易被打击。

　　不怕从头再来，随时可以改变人生方向的勇气，首先来自自己的底气。著名的华裔演员刘玉玲曾经说过，她从自己的父亲那里学到一件事，就是"任何事都可以当作一门生意"。生活也是一门生意，任何时候都要给自己留一笔翻身的压箱钱，让自己随时有说走就走、抽身离去的自由。所以，刘玉玲工作之后就开始努力存钱，她将这笔钱视作自己的自由基金，也是支撑自己永远追求梦想的底气。她说："当你的老板要你做自己不想做的事时，不必勉强自己，你可以很有底气地让他'滚开'。"

　　有了底气的刘玉玲从来不介意挑战自己，从不用"应该做什么"或"能做什么"来约束自己。她出生于一个移民家庭，小时候家庭贫困，她不得不和哥哥在制衣厂做童工维持生活。小小年纪，刘玉玲就尝试过很多工作，如教别人跳舞、当餐厅服务员、当广告模特等，只要能赚钱，她可以每天都不休息。

但这样的工作不是长久之计，刘玉玲有一个更长远的计划——她想做一名演员。

在 20 世纪的美国，华裔演员的出路非常有限，更何况在美国人的审美中，刘玉玲长得也并不美。在《神探夏洛克》中饰演"华生"一角的演员马丁·弗里曼就曾经公开吐槽刘玉玲长得丑，说她毫无吸引力。激烈的竞争、身为少数族裔的弱势、种族歧视和偏见、针对外貌的嘲弄……刘玉玲的演员之路注定荆棘遍布，连她的家人都不看好。

但她从来没有放弃，只要有希望就努力抓住，永远直面失败，反复从泥淖中爬起来。靠着这样一股天不怕地不怕，永远不惧一无所有的狠劲，刘玉玲在好莱坞当了十年小角色，从做群演、路人到充当只有几句话的反派，最终成为《霹雳娇娃》中的女主角之一。

另外两名女主角都是好莱坞的知名女星，刘玉玲很珍惜这次机会，她们为了演戏生吃鱼肉、喝脏水，被吊在陡峭的悬崖上，等等，尽管拍摄时条件艰苦，刘玉玲依然觉得自己是最幸运的人。

她的事业终于迎来了转机，从此之后节节攀升，也出演了一系列知名电影。刘玉玲不仅当演员，她也抓住机会尝试制片人的工作，以女主角和制片人的双重角色推出了《致命女人》这样叫好又叫座的影视剧，把两份事业都完成得很漂亮。

2019 年，继李小龙、成龙和黄柳霜之后，刘玉玲成为第四个能在好莱坞星光大道上留名的华人影星。她用自己的人生经历谱写了一首战斗的赞歌，让人们更愿意相信和追求梦想。只要有不怕一无所有、随时可以推翻过往重新出发的勇气，坚定向前，人生会告诉你答案。

越是两手空空的人，做事越不会瞻前顾后，往往胆大心细，能抓住机遇，所以大部分人成名、发财的时机在自己年轻的时候，一旦手中有了资产，做事就会谨慎小心许多。同时，一个人若在错误的道路上走了太远，即使对现状不满，也很难回头，因为难以割舍投入进去的沉没成本。但若谁能克服恐惧，割舍曾经的投入，毅然决然掉转人生的前进方向，往往能成就大事。

"问渠那得清如许，为有源头活水来"，人生不要将追求稳定放在第一位，一定要留住生命中的"活水"，才能保持澄澈的底色，始终拥有生命力。任何时候将变通的智慧放在第一位，只要还能改变，就不算绝境，只要还有勇气，就随时可以再出发。

不管手中是否握有资源，都要记得最开始出发时的勇气和谦逊，没有人可以躺在过去积累的财富中安稳一生，要做好随时出发的准备，保持自己的竞争力，接受这个变化的时代。

投资自己就是改变未来

古语有云"富贵险中求"，风险和回报率往往是相关的，高回报的投资多半伴随着高风险，这是许多人在投资场上用真金白银买来的经验。如果说这世界上一定存在一种低风险高回报的投资渠道，我想唯有一个选项，就是投资自己。当你站在未来回望当下，对自我的投资一定是你最不后悔的一笔消费。

投资界的一代传奇巴菲特在面临采访时，曾发自肺腑地对年轻人表示，最好的投资其实恰恰与金钱无关。他说："到目前为止，我最棒的投资就是投资自己。"

在修炼"外功"之前，巴菲特很注重提升"内功"，先让自己的个人价值得到提升，在社会中成为一个于他人而言有用的角色，金钱自然就源源不断地流向自己了。他认为，沟通能力就是一种最重要的投资，尤其是文字沟通和面对面的交谈，做好这两点，个人价值至少能提升50%。而另一个重要的投资自我的方式，就是照顾好自己的身体和精神，尤其是在年轻的时候。

他说："每个人来到这世界上，只有一个身体和灵魂，不要等到50岁以后才想起它们的重要性。如果年轻时什么都不做，你的身体一定会被搞坏。"

这跟很多年轻人热衷于"用健康换金钱"的想法截然不同，巴菲特显然熟谙与时间交朋友的法则，这一点在他的投资上也贯彻得淋漓尽致。他是一个耐心的价值投资者，对有成长价值的公司股票，他能静静地持有几年甚至十几年，直到对方成长起来的时候，再去摘取累累硕果。巴菲特的投资观与人生观相互映照，他曾说，一个人活到 65 岁时，才能看出他是否真正成功。

在这样漫长的人生里，最要紧的投资就是投资自己，股神巴菲特用自己的一生贯彻了这个道路，如今他已近百岁，依然是投资界风向标一样的存在，只要他站在那里，就是信誉，就是传奇。他用自己的经历告诉人们，什么是跟时间交朋友，什么是投资自己的最好例子。

大学毕业那一年，彭晶对毕业旅行期待不已，经过对比和规划，最终提出了一个前往斯里兰卡的 10 日自由行计划。当旅途的预算估计出来之后，她就有些犯了难，忍不住问自己：你的全部存款才 3 万元，花 1 万多去国外旅游真的值得吗？

工作了才知道钱有多难赚，辛苦存了这么久的钱，骤然就要拿出三分之一来旅行，实在是很难痛快地做决断。但犹豫了好几天，彭晶还是咬咬牙掏了这笔在当时而言绝对是巨款的旅资。没有别的原因，在此之前她从来未出国旅行过，甚至很少在国内旅游。对外面的世界，彭晶有太多的好奇和探索欲，这样难得的机会她实在不想错过。

在旅行开始之前，彭晶有过许多次迟疑和动摇，担心自己最后会后悔。但那 10 天的旅途结束之后，她只有一个念头——值了！

她终于见识到了数万公里之外的世界，与自己所生活的地方全然不同的风土人情，当坐着海上火车跨越海岸线，站在山顶看到雾霭自海面蒸腾奔流进群山峡谷中，那种大气磅礴的自然景观让她的内心洗涤一清。

这场旅行成为彭晶此后数年间心中最美好的旅行回忆，也是她勇于向外探索的开始。令人惊喜的是，它给彭晶带来的馈赠还远不止于此。

六个月后，彭晶开始实习，由于公司要求，她办理了签证并前往欧洲接受培训。因为签证的时间下发较晚，彭晶的出行时间不得不与其他人错开，这也意味着，尽管这是她第一次踏足欧洲大陆，但从乘机开始，一系列工作都必须由她独自完成。

对鲜有旅行经验的彭晶来说，这是个有挑战性的任务。但当时的她却只有兴奋、全无恐慌，哪怕遇到了一些小麻烦也都顺利解决。回过神来，彭晶才发现许多经验来自之前那次看似任性的旅行。

如果没有那次旅游，她就没有丝毫经验去应对这一切，甚至在那次旅行之前，她都没有坐过飞机。彭晶用一次旅行开拓了自己的认知，扩宽了人生的视野，也在之后给了她宝贵的帮助。这种投资或许短时间是看不到回报的，但是实实在在化作了她人生经历的一部分，使她在遇到相似的困境时可以轻而易举地化解眼前的麻烦。

从更长远的角度回看这段经历，这种投资也是完全的低投入高回报。年轻人最缺钱，很容易将金钱看得比什么都重要，但等工作之后，会发现和时间、见识、经验比起来，金钱反而是更易得的。所以，年轻时应该乐于花钱投资自己，各方面提升自己的能力，等站在更高的地方，你会赚取到能改变人生的丰厚回报。

人的发展是多角度的，人的需求也有多面性。有人很在意自己专业技能的提升，愿意在这方面多加投资，但付出的代价是牺牲自己在其他方面的时间，我并不是十分认可。专注职业技能自然是好事，可一个人的自我投资应该是多元化的，工作、生活、爱好，在许多方面分配好自己的时间和精力，个人价值才能全方位提升，拥有饱满的状态，才能面对任何挑战。

人的观念一定要灵活，年轻时应该将投资自我放在第一位，学会"花钱"而不是赚钱，积累自己的个人价值，在未来能有机会撬动更大的资源。随着年纪渐长，逐渐进入收获的时节，你自然会实现最初的目标。

聪明地分配精力

在经济学领域，有一个"80/20法则"，又叫"帕累托定律"，是指任何一组东西中，只有20%能起到关键作用，剩下的80%则是次要的。这一法则实际上也适用于我们的工作。

在一家公司中，新人孙晨在很长一段时间都不能适应其他人的工作节奏，常常听到他呼天抢地抱怨着，自己今天的工作又无法完成了。

除了项目方面的工作，孙晨还担负了一些琐碎的日常维护工作，像是采购报销、仪器维护、小型的接待参观等。严格来说，这些工作有专门的经办人，孙晨只是做一些准备材料、负责对外联络等辅助工作。虽然这些工作内容看起来并不难，但因为太琐碎，反而很容易占据孙晨的大量时间。

"今天又要填报销单，项目又完不成了。""明天我还要联系维护仪器的工程师，没法负责项目跟进工作。"这样的话他常常说。他每天像陀螺似的忙得团团转，可真正审视自己时，却发现手下的项目毫无进展。

"你应该更好地分配时间，把更多精力放在重要的事上。"一个同事建议说。

这个道理很多人明白，可真到行动时却很难做到。繁杂又不重要的事好像总是做不完，一天中 80% 的工作是琐碎的工作，真正重要的工作也许只占 20%。这常常给我们一种错误暗示——如果按部就班分配工作，花 80% 的时间去做琐碎事务，20% 时间处理重要工作，也是一种公平合理的分配。

孙晨就是这样做的，以一种看似公平实际不合理的方式来分配自己的时间，当然无法做好真正重要的事。聪明人的分配方式恰恰相反，是用 80% 的时间去做真正重要的 20% 的工作，剩余 20% 的时间处理那些 80% 的杂事。尽管这是违背我们潜意识的，但却是最高效、最有助于提升我们价值的。

痛定思痛后，孙晨决定改变自己。他开始将工作分成重要的事项和不重要的杂事两部分，每天只花两小时在不重要的事上，哪怕这两个小时做不完，剩下的也只会放到第二天做，绝不占用重要事项的处理时间。剩下的所有精力，都倾注在跟进的项目上，哪怕做项目要占据自己大部分时间，每天只能做好一件事，他也会坚持。

结果显而易见——孙晨觉得自己比以前更轻松了，虽然不再那么忙碌，项目却有了长足的发展。

工作要懂变通，认真对待别人交给自己的每项工作，却不懂根据轻重缓急来分配精力，只会把自己累死，还不一定能有好成果。想成为前 20% 的精英，就要学会花 80% 的时间做最重要的事。因为，当你选择将更多的精力放在重要的事物上，用更少的精力去处理不重要的 80%，你的效率将会得到提升，相对时间得到延长，当然会比旁人走得更远。

要成为最优秀的那 20%，需要改变努力的方式。仅靠埋头苦干是不够的，因为你在努力，别人也没有懈怠。这时，做聪明的选择和思考可以让你弯道超车。

同样的时间和精力，你要比别人更会分配，才会更优秀。高效是一件神奇的武器，能让你在相同环境里创造更多价值，只有这样的人才能在竞争中获胜。以传统按部就班的方式来工作已经过时了，学会灵活运用"二八定律"，永远不要吝啬在重要的事情上花大量时间，你才能真正实现效率提升，让个人的价值倍增。

同时，牢记要用金钱换知识，用时间和精力换个人价值。我们的一生都应该专注于提升自我，只是，年轻时依靠学习来累积价值的回报是最高的，而伴随着年龄增长，已有的经验与价值越来越多，靠学习产生的回报增长就显得不那么明显。最好的学习时光莫过于年轻时。一定要在年轻的时候学会分配，不要吝啬自己的时间和精力，用 80% 的资源投喂最重要的 20%，才能形成核心竞争力。

工作一定要懂变通，偶尔用一些小聪明并不是坏事，有目标地分配有限的精力，你才能在同样的时间里成长得比别人更快。

在重要的工作上全力以赴，在不重要的细枝末节处适当偷懒，比时刻努力换来的回报更高。长时间精神紧绷会消耗自己的心力，不足以长时间维持专注，而工作时能根据轻重缓急变通自己的态度和方法，可以赢得更轻松。

多做事不等于效率高

一年 365 天，每天 24 个小时，时间是最公平的庄家，给每个人的筹码都是一样的。但在同样有限的时间里，我们可以变通自己的思路——如果能提升效率，把时间更高效地利用起来，不就是变相增加时间的单位价值吗？

对时间有所计划是非常重要的，计划可以让我们增强时间观念，合理的计划也能让我们在工作时思维更清晰，注意力更集中。当效率提升了、工作变快了，我们的时间便在无形中得到了延长。

日常计划时，可以选择使用"六点优先工作制"作为计划原则。"六点优先工作制"又叫"艾维利法则"，是著名效率大师艾维利发明的。他认为，一个人在日常状况下能够保证每天高效做好 6 件事，就是充分利用时间的表现。

也许你会觉得，自己精力充沛，完全可以再多完成一些工作，不是效率更高吗？但无数人的经验证明每个人的精力有限，我们必须要合理分配，将精力放在更重要的事情上。如果只保证每天完成工作的数量，往往无法兼顾质量，还会时刻在心中塑造压抑的紧迫感。长此以往，对身体状态和精神状态都不好。

艾维利提出的"六点优先工作制"曾在许多名人身上得到应验。当时,美国钢铁巨头伯利恒濒临破产的边缘,总裁焦头烂额地找到咨询公司寻求帮助。当他辗转找到艾维利时,一见面就足足倾吐了大半个小时的苦恼。

艾维利在聆听之后了解了总裁当前面临的工作问题,然后他也提出了一个要求——拿出一张白纸,艾维利请总裁将每天要做的工作全写下来。

总裁欣然照办。身为一家钢铁公司的决策者,他每天都很忙碌,可写的工作很多。最后,这张白纸被总裁写得满满当当,其中大概有几十项需要完成的事。

接下来艾维利提出了一个令总裁惊讶的要求:"现在从这些工作中找出最重要的6项,把它们按照重要性从1到6标出来,就按这个顺序去做。"

"其他的事情呢?"

"放弃,或者推迟到明天,或者转交给其他人。"

艾维利叮嘱总裁,以后的每一天都要这样做,先将自己这一天完成的工作列出清单,然后选出前6项最重要的,按照重要性依次来做。

因为人一天的精力是有限的,能全力以赴把6件事做好,就是非常高效的时间分配了。

大多数人在分配时间时会陷入一个误区,以为将自己的时间安排得越满越好、工作越多越好。但在实行时,要么是无法完成这样的计划,要么就只能对每项工作都草草了事。

所以在时间规划时，我们首先要意识到自己能力上的不足和精力的有限，不要无止境地填充工作。做好一件重要的事，比整天都看似很忙碌但收效甚微更有意义。

艾维利请伯利恒的总裁将这种方式推荐给公司的每个员工，把时间管理和效率意识注入公司文化。结合一些其他建议，一年后，伯利恒公司居然奇迹般地扭亏为盈，躲过了破产危机。艾维利因此收到了一张面额 25000 美元的支票，这张高额支票证明了他提出的这个法则是多么有意义。这个案例也在管理学界被奉为圭臬，人们认为这个看似简单的方法，体现了最高效的时间管理理念。

也有人认为，"六点优先工作制"或许并不适合一些周期长、体量大的工作。这类工作，别说一天完成几件，可能几天甚至几个月完成不了一件。但我们可以通过化整为零的方式，将大项目拆成不同的小项目或不同阶段，再运用"六点优先工作制"进行处理。

当你长时间专注跟踪某个大项目时，如果不懂如何化整为零，除了工作节奏和时间管理上可能出现问题，长时间无法获得来自工作成果的反馈，也会让你产生沮丧感。你可能会质疑自己的工作进度，也容易动摇对工作成果的预期。而化整为零后，每完成一个阶段，你就可以获得来自成果的积极反馈，这是情绪上的重要激励。不同阶段可以拆分到每天的工作计划中，让我们通过"六点优先工作制"进行安排，明确自己应该做什么，一个原本看来工作量巨大、无从下手的任务就变得具有可行性了。

"六点优先工作制"不仅让我们的工作被细化，变得更加有条理性，而且很容易让人产生成就感，不容易在长时间的工作中产生疲惫感。

　　做事多的人不代表效率高，能体现工作量和个人成果的不仅仅是经手项目的数量，还要有深度和质量。每天专注的事情不超过6件，才能让我们最大限度地利用自己的精力。

用老板角度看问题

学生时代的我们只需要好好完成学业，目标简单、明确，同时，只要付出努力就可以向前进，可谓"一分耕耘一分收获"。但职场和人生却不像学习那么简单，需要人们考虑许多因素，一旦选错目标便容易让努力白费。

所以，职场思维和学生思维是不一样的，简单的"付出即可收获"的原则未必能奏效，还是要运用变通思维，了解事物表象下隐藏的"弯弯绕绕"，才能让努力落在实处。譬如，从老板角度来思考问题，同样一件事的处理方式和总结方式有时候就会与员工角度截然不同，掌握职场思维让你收获更丰硕的成果。

员工角度让我们更关注行动过程，而老板角度习惯突出结果。

周青是一家设备公司的管理者，我们也算多年的老相识，第一次见到他时，他还是跟在售后工程师身后初入社会的年轻人，做事说话都透露着一股青涩。

当时他负责我们使用的设备的维护升级，三天两头便要往这边跑。一开始，周青的领导承诺一周内就能解决问题，没想到他们加班加点升级了一周，不仅新的功能没能顺利上线，原本的功能也变得不稳定了。大家都急着用设备，周青的领导无法向我们交代，就把责任推在了他身上。

我看他连着两天都垂头丧气地加班，便拉着他一起吃了顿饭。因为已经混熟了，周青也并未多想，忍不住吐槽起自己的领导："他一点也不懂技术，我跟他解释了为什么推迟，也告诉他我每天都在加班了，但他还是觉得这是我的问题。"

"领导都是这样的，因为他需要跟我们交代，所以他不关心你做了什么，只会关心你的结果，因为你的结果关系到他下一步要怎么办。"我劝周青说，"所以，下次你不要想着完成自己的工作就行了，你要考虑的是能不能给他结果、能给他什么结果。"

我建议周青问一问自己的同事都是怎么解决这个问题的。周青回去问了其他工程师，才发现这种因技术问题导致的延期非常普遍，所以有经验的售后工程师会将交付时间说得比较有余地——预计一周能完成的工作，一般会延长一倍。

"所以，一开始你的领导跟我们承诺一周可以交付时，你就应该跟他提出这个时间范围不合适。"我说，"别觉得这是他说的，你就不需要负责，交付与否最终不还是由你的进度来决定吗？真交不上去了，领导可不会关心是不是自己不懂技术、你是不是足够努力，他只会认为是你做得不好。"

周青若有所思，他的领导想要的不仅仅是下属勤恳工作、做好设备升级维护，还有让领导可以完成跟甲方的合作，所以，周青想不影响这一流程，就必须提前规划进度并强调自己需要的时间，才能避免承担不必要的责任。

　　当我们用员工思维来做事时，特别容易过分关注自己，觉得其他人看重的无非是我们的能力、态度、工作内容。但从领导者的角度看，他需要统筹许多人的工作，当然无法关注到每个人的细节，必然只关心组织的各个环节能不能交付给他预期成果，这样他才能完成自己的工作。当我们从员工思维转向领导思维，从"领导者想获得什么"的角度思考，就能更清晰地规划自己的工作过程。

　　一个勤奋的员工往往更容易被自己的思维局限。勤奋的人在面对工作时，第一时间想的就是"just do it"（立刻就做），往往会花费大量时间在手头的工作上，用充实的工作量来耗费自己的时间。但这也意味着我们的思考时间被挤压了，更难跳出自己的位置去看问题。

　　越是被手头的工作烦扰，就越容易晕头转向，弄不清自己为什么要做这些工作。其实，一味勤奋并不是一件好事，我们要从"为什么要做这份工作"出发思考，才能明白对方想要什么，并给出相应的结果——这就是明晰工作中的主次关系。

　　对短期的工作，我们要用领导思维来安排，站在整个部门的角度观察我们工作的重要点在哪里，然后重点突出这方面。有时候，闷头勤恳工作不如抬头看清方向，避免无效努力只需要我们以成果为导向工作。跳出员工角度的思维局限，变通自己的视角，你会找到一条回报率更高的职场之路。

　　职场中做事，一定要学会"过程中踏实做事，汇报时注重结果"，用不同思维应对不同角色。真正落实到细节时，要把过程搞清楚，但跟领导交流时，一定要先抛出结果吸引其注意。明白领导想要什么，你的效率才能真正提高。

变通工作法让效率加倍

持续发力、持续输出可能需要一些小秘诀，懂得如何聪明地"休息"，能让我们在同样的时间里更轻松地工作。

长期伏案是一种特别容易让人疲惫的工作模式，尤其是你觉得劳累时，效率一定会下降，继而拉长你的工作时间并造成负面循环。所以，持续发力创造价值的状态一定要劳逸结合，但不是每个人都能在一段时间的工作后，拥有理想的休息时间。这时，或许我们应该动用变通思维，重整我们的工作计划。

变通工作法的核心极其简单，就是将不同类型的工作穿插进行，通过工作内容上的"变"来刺激长时间运转的大脑，防止大脑思维因为长时间考虑同一问题而僵化。这种思考内容的变通，让我们即使不把大量的时间放在休闲娱乐上，一样可以获得身心所需的放松。

这是翻译家詹姆斯·莫法特发现的秘诀，他因为需要长期伏案劳作，尝试了许多种方法让自己长期保持思维清晰。在莫法特从事翻译工作时，他的书房里有三张桌子，第一张桌子上就放着他当前正在进行的翻译稿件，而第二张桌子上放着他正在撰写的一篇论文，第三张桌子上则是一本他正在创作的侦探小说。

三张桌子上都是当时莫法特要处理的工作。因为翻译工作要求认真谨慎，工作周期非常长，而且对脑力有很大的挑战，莫法特就选择了与另外两项工作同时进行。别误会，这可不是为了增加压力，事实上，另外两项工作起到的作用就是调节翻译工作给他带来的疲惫。

每当莫法特感觉自己在翻译过程中遇到了困难或思路不清晰时，他就会从第一张桌子旁站起来，转而去写论文，如果写论文遇到瓶颈，他可能会处理一下侦探小说，要是写小说缺乏灵感，他可能又会回去翻译……

当莫法特选择了转换处理不同工作时，虽然思维一直处于紧绷状态，但是思考的内容却改变了，思考强度也变了，所以大脑会受到刺激产生新鲜感，原本因为惯性思维产生的疲劳也就减轻许多。通过工作内容的变通，让他始终保持思维的活跃，身体的疲惫感也会降低，从而使做事效率更高。

这样看，虽然所要处理的工作本质上没有量的变化，但效率却大大提升了，就可以更快将任务完成，进而获得更多的休息时间。

人的大脑就像土地，我们不能总在土壤上耕种同一种作物，这样会使土壤的肥力被消耗殆尽，作物的产量也会降低。为了解决这个问题，人们发明了间作套种，在土壤上轮流或交错种植不同种类的植物。不同作物需要不同的生长环境，彼此之间甚至可以达成互补，这就可以让土壤的肥力始终保持在极佳状态，同样的土地可以生产更多作物。人的大脑与之有异曲同工之处，长期重复同一种劳动，会让我们在机械操作中产生难以避免的疲惫感，思维也会变得僵化，此时通过一些巧妙的安排，可以让自己在穿插工作时获得喘息。

变通的效力无处不在，转换思维环境对我们的精神和身体都能起到重要作用。运用变通工作法，在提升效率之余也能解放身心，不失为一种双赢的选择。

提升效率可以通过转换工作实现。枯燥的重复和惯性的思维方式会让大脑更快疲惫，所以在工作时，经常转换内容和方法，交替完成手头工作，可以起到休息的作用，长期坚持便能提高效率。

不局限在本职工作里

有人说，领导口中最大的谎言就是"给你一次锻炼的机会"，因为这十有八九是压榨你的劳动力。所以，面对那些本职工作之外的事，我们要不要做呢？

作为制造业高管的刘总曾经也思考过这个问题。他回首自己一路走来的路，发现刚参加工作时，上司也喜欢交给他一堆与岗位无关的乱七八糟的工作。那时候的小刘尚未成为刘总，心思单纯又实在，给他什么工作都不抱怨。

不管是上司派的活，还是其他部门同事找他帮忙，小刘都一口答应下来，美其名曰是对自己的历练。后来吃了不少亏，他才逐渐守住原则，不再来者不拒地帮别人了。

吃亏不一定毫无好处，在那段时间里，小刘迅速积攒了许多与本职工作不相关的工作经验。因为总是帮别人干活，他接触到了生产线中其他岗位的工作，一边学习一边摸索，竟磕磕绊绊将整套流程都掌握了。

后来，他就成了几个部门里唯一一个什么岗位都能胜任的多面手，也顺理成章地当了领导。这样的人才在制造业十分稀缺，小刘很快成为专家级的宝藏人才，一步步成就了现在的刘总。

局限在本职工作中，会让我们无形之中失去许多机会，也会关闭了自己从外界汲取经验与信息的渠道。

有些人之所以局限在本职工作里，是因为不懂得争取，所以有心无力。其实，大胆一点去表达自己的上进心，你会得到更多友善的回应。现实一点说，你是在主动要求做更多事，无论领导还是同事都不会抗拒，甚至欢迎之至。

朋友公司有个前台，虽然学历不高，但曾经学过一段时间绘画，也有一些设计天分。公司内部经常有些宣传策划活动的机会，那些大型的、面向市场的活动当然会由专业人士进行海报等设计，但许多公司内部的宣传策划，却都是大家兼职来做的。前台姑娘很想尝试，却不敢向自己的领导提。

去年公司年会前，朋友在前台取快递，意外发现这个前台的电脑屏幕上一张年会海报。朋友惊讶极了，因为其他前台的电脑里不是播着电视剧，就是开着微信或QQ与人聊天，他还是第一次看到在做海报的。

"这是年会的海报吗？你做得不错。"

听到朋友的夸赞，前台姑娘红了脸："我就是随便做做，您别见笑，我也不敢交上去。"

朋友是个热心人，正好碰见前台的领导从旁路过，他又认识对方，就打趣道："你快来看，你手底下这姑娘挺有才，怎么不让她参加年会策划？"

领导走过来一看，吃了一惊，也觉得与有荣焉，还小小埋怨了前台一下："你怎么不主动提，多好的机会。"

之后，前台就顺理成章得到了参与晚会策划的机会。她自学并熟练掌握了设计软件，作图水平也从小打小闹变得更加专业，公司也把越来越多的相关工作交给她。

几个月后，她就顺利转岗，成为全公司第一个从前台转到宣传岗位的人。

如果不是因为朋友当时恰好路过，也许这个前台永远都无法抓住向领导推荐自己的机会，就永远错失了展现才华并实现职场提升的机遇。

当你想尝试本职工作之外的事情时，可以视情况而定，多跟领导沟通。如果你自己不提出，谁也不知道你能干什么，那些潜在的机遇和能够提供给你的帮助，就被你在沉默中错过了。

对我们来说，有些工作到底值不值得做，并不能单纯用"短期内能给我带来多少回报"或"是不是我的分内工作"来衡量，而是根据情况变通选择。

在有限的时间内，必须把精力都放在对自己长远发展有益处的工作上。如果交给你的委托，你都慷慨答应，很容易成为其他同事推脱责任的首选对象，也成为这个环境中被欺负的老好人，可以说是费力不讨好。但如果对一些非日常分内的工作，你都一概拒绝，不仅可能违背你所在岗位的一些潜规则，也可能会让你错失一些有价值的机会。

所以，仔细分析一下你手头的工作到底有没有价值、该不该花时间去做，做好取舍十分重要。不要用工作的岗位要求来限制自己的职业发展，要明白岗位需求与个人能力是两回事，后者才是支撑我们个人事业的关键。当你的成长不被本职工作所局限，你的前途也会拥有更多可能。

只要是对自己的个人成长有益的事，哪怕不求回报也要去做，与之相反，浪费时间做毫无意义的工作，就算短期报酬丰厚，也要谨慎选择。记住，长久的发展永远比眼前的利益更重要。

打造多维竞争力

　　这个时代，既考验人的专业能力，又考验多维度发展的能力。就如《哈佛商业评论》中所说的："新经济的单位不是企业，而是个体。"伴随着互联网时代带来的信息透明化，一个优秀的人可以从许多渠道接触到过去没有的丰富资源，每个人的发展都不再有上限。这意味着，人群中一定会有人突破自我，实现个体觉醒。

　　这样的人不仅懂得顺应时势，也具备变通的能力，往往在许多领域能留下自己的足迹。

　　打造了"锤子手机"，在科技圈一战成名的罗永浩，身上其实有很多标签——前新东方英语老师、知名段子手、科技圈创业者、脱口秀评委、直播带货达人……

　　这也只是他折腾出的一部分成果，从年轻时辍学去工作开始，罗永浩的跨行之旅就从未结束过。一开始，他做过培训，卖过二手商品，也跑去韩国打过工，后来发现这些生意都不赚钱。为了维持生活，罗永浩盯上了英语培训机构讲师的工作，但他并不具有优势，只好又埋头苦学英语，终于在2001年成了新东方的英语老师。

你会发现，没有人天生就是多面手，想改变赛道，一定要付出同样多的努力才行。

丰富的人生经历让罗永浩对生活有自己的独特感悟，经常能说出幽默的话，并将这种风格运用在自己的课堂上，这使得他的授课变得生动有趣，又能给学生带来启迪。因此，罗永浩在新东方非常受欢迎，一些学生还偷偷将他讲过的话记下来传到网上，一时间传遍了互联网，"老罗"这个名字也第一次出现在大众视野。做英语老师的那几年，罗永浩逐渐成了网络名人、段子手，在 2005 年和 2006 年，他甚至蝉联百度年度搜索风云榜，在互联网上相当有知名度。

如果就这样当个段子手，那也不过是中文互联网上的过江之鲫，如今可能早已过气。但老罗不一样，他除了幽默，还有一些理想。新东方创始人俞敏洪就曾经说过："他（罗永浩）是一个在新东方为数不多的有一点思想意识的人。"从新东方离职之后，他创办网站、英语培训机构，又出版自传、客串电影，可谓忙得不亦乐乎。直到 2011 年，罗永浩又出圈了，这次，他宣布自己要做手机。

在国产手机蓬勃发展的那几年，各方纷纷入场，到处是跨行的创业者。但罗永浩宣称自己要做手机，还是引起了很多人的质疑，毕竟在他的既往履历里，看不到一丁点科技圈的影子。但老罗靠着自己的理想和情怀支撑，还真就把这件事坚持下来了，甚至打动了即将退休的摩托罗拉技术研发大佬，拉起了一个颇有说服力的研发队伍。

在此后的 8 年，罗永浩做起了"锤子数码科技"这个品牌，推出了许多款智能机，旗下的"坚果"系列手机颇受好评，有相当一批死忠粉支持。只是，经营不善的坚果手机最终还是在激烈的市场竞争中败下阵来，没能趁智能机兴起的风口站稳脚跟。

罗永浩做手机成功了，至少人们认可他是个科技圈名副其实的创业者，甚至把他看成理想主义者，有许多粉丝直到现在还怀念他真诚的态度和性价比极高的产品；但罗永浩也失败了，他的企业宣告破产，自己也背上了 6 亿元的债务。

破产后，罗永浩的家人也曾劝他去美国，躲开国内的债务。但罗永浩却做出一个惊人的决定——留下来，努力赚钱还上这笔债务。对已经破产的他来说，这笔钱堪称一笔天文数字，但罗永浩没有放弃，他依然在充满生命力地折腾着，积极再次创业，有机会就参加综艺节目、接游戏代言。

直到 2020 年，再次迎来了转机，罗永浩宣布进军直播带货。在抖音，罗永浩的"交个朋友"直播间一开启就迎来了巨大的流量。

罗永浩的"真还传"成了互联网又一"神话"，但在我看来，他干一行成一行的经历才是真正的传奇。他不仅有改变生活的勇气，还有变通的能力，只要下决心做一件事，一定能争取做好，做到令别人认可。

如何成为像他这样的少数人？

你必须要有"一个人就像一个团队"的特点，强大的专业能力是你立足于行业的基础，而自我升级的能力能让你始终进步、走在行业前沿；你要懂得宣传自己，建立自己的影响力，扩大个人价值；善于合作，能通过各种渠道与其他人交换价值，实现共赢；在不确定的领域，可以始终抱有坚定的目标，坚持走自己的路。做一个职场上的多面手，总能遇到一个属于你的机会。

　　建立多方面、多领域的竞争力，靠的不是天生的才华，而是后天的坚韧努力。多做尝试，每一次突破都是宝贵的经验，累积起来就能让人生变得足够厚重。

第七章

影响人生的
变通
策略观

迎难而上，不如寻机击破

《孙子兵法》有云："兵者，诡道也。故能而示之不能，用而示之不用，近而示之远，远而示之近……攻其无备，出其不意。"意思便是，兵法讲究的就是"诡道"，不能被别人摸准你内心的想法，因此能做什么的时候，表面一定要装成不能做的样子，能打却假装不能打，越是要打近处，越要给对方示意相反的方向加以迷惑，最后趁敌人大意的时候，往往能一击击破、出奇制胜。

兵法从不讲究"针尖对麦芒"，尤其是双方势均力敌时，迎难而上往往不意味着英勇无畏，而是不懂保存实力。非要在对方锋芒毕露时硬凑上去，只会啃到一个硬骨头，双方都会消耗大量的精力，也不一定能获得什么成果。真正的兵法，是让我们用最小的付出获得最大的回报，与其走阳谋路线，凡事只会迎难而上，不如在适当的时候迂回规避，寻找破解问题的方法。这种变通的策略观不仅适用于兵法，也适用于每个人的成事过程。

朱棣是明朝开国皇帝朱元璋的第四子，曾随朱元璋征战天下，立下汗马功劳。在朱元璋的嫡长子朱标死后，朱棣成为继承皇位的有力竞争者。

但朱标作为太子实在是太过完美，他受到朝臣敬重、兄弟服气，更是朱元璋心目中唯一的继承者。因此，朱元璋在丧子之痛中，将自己的期望从朱标转移到了其儿子朱允炆身上，决定跨过自己的一众儿子，直接将皇位传给太孙朱允炆。

继承人太过年幼，而叔叔们又兵强马壮、威望甚重，谁也不服这个侄皇帝，所以双方都互相忌惮。朱允炆继位后先沉不住气，在大臣齐泰、黄子澄的建议下，向自己的叔叔们磨刀霍霍，立刻下令削藩。由于朱允炆削藩的手段太过急迫，在先后有四个藩王被贬为庶人后，性情刚烈的湘王朱柏不愿坐以待毙，携全家自焚而死。

消息传到已就藩的燕王朱棣耳中，他便意识到这只是一个开始。朱允炆削了别人的爵位，但剑锋指向的是自己，早晚都要向自己这个位高权重的叔叔下手。朱棣明白韬光养晦已经没有用了，但皇帝掌握天下大权与正统，难道就这样硬碰硬吗？

越是这样针锋相对的危急时刻，越是不能直接起事，既显得师出无名，又容易两败俱伤，被别人摘了果子。因此，朱棣没有选择迎难而上，直接举大旗说明自己的不满，然后起兵造反，而是选择迂回应对。

从建文元年开始，朱棣就开始按计划"称病"。根据《明史》记载，当时"燕王称疾久不出"，不仅避开了朝廷的关注，还短暂地得到了小皇帝的同情。原本朱棣应该在明太祖朱元璋的祭礼上出现，"称病"也给了他不去南京朝见的理由，避免了被当场扣押，堪称一举多得。

但明面上的暂避锋芒不代表暗地里也被动挨打，朱棣开始暗自招兵买马，进一步加强藩王封地的军事实力。为了掩盖王府中偷偷打造兵器的声音，朱棣甚至专门养了许多鸟雀鸡鸭，用它们的叫声遮掩，慢慢地积攒可以跟朝廷对抗的家底。

朱棣没有在朝廷的逼迫下匆忙起事，而是选择了韬光养晦，表面上毫无波澜，暗地里却是静水流深，养精蓄锐以等待一个时机。这就将原本握在对方手中的主动权转移到了自己手里。手上有粮又有人，心中自然不慌，只等一个反击的机会。

朱棣在装病时，甚至不顾及自己身为藩王的面子，在大街上到处乱跑、大喊大叫，甚至一度沿街乞讨，闯进老百姓家中讨饭吃。这种彻底"放飞自我"的行为，骗过了专门来监视他的官员，也骗过了远在南京的朱允炆，给他迎来了一时喘息之机。

正因为如此，燕王府长史葛诚揭发了朱棣假托生病、实则意图谋反的真相时，朱棣并不慌乱，反而竖起"清君侧"的大旗，发动了"靖难之役"。不到几天时间，燕王府所在的北平就完全落入朱棣的掌控中。

主动权虽然在朱棣手中，但他也没有冒进，而是寻机击破，一直在寻找朱允炆的弱点。朱允炆性格软弱，并不算杀伐果决，在已经有叔叔被逼死的前提下，他更加爱惜自己的名声，不愿背上杀害亲长的骂名，因此一直向大将军耿炳文强调不要向朱棣下杀手。耿炳文用兵受到掣肘，而朱棣看出了朱允炆的忌惮，抓住了他的弱点，便利用这个点大做文章。

朱允炆不愿对朱棣用尽全力，朱棣却不同，他用金钱收买了宁王麾下的朵颜三卫，在骁勇善战的部队辅佐下，逐步向南京攻去。而朱允炆这边，耿炳文因为皇帝的软弱处处受困，黄子澄便建议朱允炆任命年轻的曹国公李景隆为大将。李景隆志大才疏，傲慢自大，并不懂军事，引起了许多老将的不满，他的领兵也导致了后期朝廷兵败如山倒的局面。天时地利都站在朱棣这边，他就这样一路打到南京，将朱允炆从皇位上赶了下来，登基称帝。

明成祖朱棣缔造了"永乐之治"，大明王朝迎来一段盛世时期。如果当初削藩时，他为了一时之气，如湘王一样刚烈，为了证明自己的冤屈宁愿自焚，哪还有后来反击得胜的机会呢？正因为没有硬碰硬，朱棣才能在重重监视之下保存自己的实力，最终转危为安。

所以，在别人锋芒毕露时忍让一时，并不是一种丢人的事，而是极其聪明的迂回之策。千万不要闷头前行，一定要发挥自己的变通力，我们需要的是最终达成目的，而不是过程中的勇往直前。面对困难时，可以采用"木桶效应"的原理，寻找木桶中的短板，击破别人的弱点。避开他人的势头，寻找机会再反攻，才是成事的关键。

　　变通的思维是让你学会"绕道"，借力打力、钻对方的规则漏洞、迂回前进，都可以解决问题，思路不要一根筋，明面上的规则不是唯一的答题方法，只是一种参考，只要能解决问题的方法就是好方法。

不前进就代表将被淘汰

提出进化论的达尔文曾说："物竞天择，适者生存。"充满竞争的丛林法则从来没有在现代社会中退场，尽管我们不需要再为争抢生态位而殊死搏斗，但在更新迭代十分迅速的商业市场中，时时刻刻都上演着优胜劣汰。在策略上，保持变通的态度，不断随着外部环境而改变，不断前进，是防备淘汰的唯一方法。

韩国经济巨头三星集团前总裁李健熙曾经说过："除了妻儿，一切皆变。"这种下决心颠覆性地改变自我、革新企业的勇气，让他带领三星走出了低谷，走向另一个高峰。1993 年，李健熙提出了"新经营宣言"，下决心给当时"沉睡"的三星下一剂猛药，让大家意识到集团即将改革，他巧妙地改变了上下班时间，用这种直观的方式直接宣告了即将"变天"的事实。当时，三星有将近 20 万名员工，李健熙将原本"朝九晚五"的上下班方式改成了"朝七晚四"，让员工们全部提前两小时上班。对每个员工来说，虽然工作时长没有变化，但早已习惯的生物钟被打破了，逐渐安稳的生活引入了一个"新"的习惯，这就是"变"的开始。当李健熙抗住压力将这个措施推广下去后，三星的员工纷纷意识到变革的信号。

很多人原本已经习惯了稳定的环境，工作状态也变得闲散，但心态转变后，他们像是突然觉醒了一样，在早下班之后去进修学习。很多员工借助这个时间学习了英语，提升自己的沟通能力，为三星出海发展打下了基础。仅仅改变上班时间，就唤醒了沉睡的巨头，说明态度和策略的重要性，倾向于变通策略观的人，哪怕当下只能改变生活中的某一个小习惯，也是值得鼓励和欣慰的，因为敢于改变就体现了自己应对人生的态度，在小事上能变通，在大事上也不会顽固。

1997 年，东南亚金融危机席卷全球，也重创了当时正在蓬勃发展的韩国，许多大企业面临破产。三星也面临前所未有的压力，李健熙再次决定改革，他说："为了公司的发展，生命、财产甚至名誉都抛弃也在所不惜。"每一次，李健熙的态度都是这么彻底和坚决，如果不能随着时代一同前进，那么失去一切又有什么可畏惧的呢？这说明他有极强的危机感和破釜沉舟的决心，知道不前进和变化就很容易被淘汰，所以才不会瞻前顾后。

三星始终随着市场的变化而改变定位，进入 21 世纪后，它不仅熬过了金融危机的影响，还成为全球 IT 行业中的顶尖企业。运营企业要有这种"一切皆变"的认识，顺应时代的发展不断前进，不能有任何懈怠。经营人生也是如此，在其他人都在前行时，如果我们站在原处，就很容易被甩在后面。当所有人都随着时代变化，而自己守着过去的成就不肯有所长进，一样也会被淘汰。

10 年前，毅然从海外回国的徐老师，堪称是研究所冉冉升起的新星。他掌握着远超国内的前沿信息，同时又是第一批接触新一代设备的研究者，前途无量。

徐老师凭借自己的技术和经验，快速在国内搭建起了独一无二的平台，合作者趋之若鹜。他的研究进展总是十分顺利，因为在旁人看来千难万难的项目，只要用他的新技术平台检测一番，总能发现新东西，做出新项目。

掌握着最前沿的技术意味着做什么都快人一步，做什么都是新的，这在追求推陈出新的科研领域，无疑是一个"摇钱树"。加上许多人想成为他的合作者，也愿意在自己的文章上写徐老师的名字，他在最初几年，做出了许多科研成果。

高效又有水平的成果接连不断，最重要的是来得如此容易，让徐老师越发尝到了掌握技术核心的甜头。也许是因此而生出了懒怠之心，无法再忍受舍易求难的枯燥科研，他越来越不愿将心思放在拓展新领域上，甚至也不再乐于革新他的技术，而是选择吃仪器这口饭。

简单来说，就是严格控制自己仪器的使用权，只有愿意在文章中写上他名字的合作者，才有机会使用他宝贝的仪器。

由于徐老师所搭建的仪器平台的确独一无二，比他建设更完善、更早的平台，仪器没有他的新；和他一样使用新仪器的，平台建设没有他那么完善。比较之下，他就真的变得无可取代。因为这种优势，即便徐老师在合作时提出的要求有些苛刻，还是有不少的合作者。

然而，这样的行为能带来的甜头是一时的，却不能保障一世。技术和仪器终究要进行迭代，想靠着仪器平台吃饭，却不愿意随时代进步进行改进，这种"不可取代"的优势地位终有一天会消失。

即便徐老师用尽方法封锁自己的技术，不愿与别人分享，还是没能长期保住自己技术带头人的地位。10年过去，整个行业的发展日新月异，其他人也独立研究克服了技术难关，徐老师曾经的优势荡然无存。

跟10年前相比，他失去了锐意进取的勇气，失去了攻坚克难的耐心，失去了研究者最宝贵的求知欲，只留下在行业里褒贬不一的名声，靠着前半生的成果混饭吃。

躺在过去的丰碑上只是一时侥幸，若满足于此，止步不前，过去的成就也是麻痹自己的毒药，停下就代表即将被不断前进的人群所抛弃。我们可以将战线拉长，将步调放慢，找到适合自己的前进速度，缓慢而持续地前进，也好过停留在某个地点。

在这个不断变动的时代，如果不能拥有求变之心，始终警醒自己，很容易被一些既往的成功诱惑进而陷入被动。只有时刻保持变通力，随时做好应对问题的准备，才能在真正的挑战到来时显得毫不费力。

变通的策略就是用发展的眼光看待一切，千万不要让自己处于"静止"中。任何时候都要保持前进，你的步调可以调整成自己喜欢的节奏，也不必与其他人争一时长短，只要始终前行，你就已经胜过了过去的自己。

择时而为，厚积薄发

东汉名士许劭曾评价曹操，说他是"治世之能臣，乱世之奸雄"。有才华的政治家若是生在太平盛世，便能一展宏图，成为名留青史的能臣，但生在乱世之中，失去了朝堂的约束，滋长的野心会让他成为一代枭雄。是时势造英雄，而非英雄造就了时势，机遇和时运的重要性不言而喻。

人生的策略制定应懂得顺应时势，在该蛰伏时安于一隅，等待属于自己的机会。但若只是等待，没有准备，即使机会来了也抓不住。懂得厚积薄发的观念，在低谷时专注地修炼"内功"，提升自己的能力，这才是关键。

朋友周青是个平面设计师。设计师在外行人眼中着实是个光鲜亮丽的角色，用自己的才华来诠释美，动动鼠标和画板就能赚取高额报酬，再没有比这更轻松的了。但内行才知道，他们面临着许多尴尬难题——有工作的设计师永远逃脱不了加班和脱发，以及甲方的魔咒，但还有的设计师连苦恼的资格都没有，因为他们没有项目。这个行业竞争太激烈了，有些人一毕业就失业，连入场券都拿不到。

对比之下，周青一路走来似乎太顺利了。大学毕业后，她开了自己的工作室，在抖音上用短视频直播自己的设计过程，逐步积攒了几十万粉丝。她不仅坚持做平面设计，甚至还涉足空间、室内设计等行业，甲方不仅捧着钱找上门来，还能任她挑选，别提有多舒服。

周青用一个比喻来解释自己的成功："每个人的成长都像一株植物，我只是长得比别人更慢一些，积累了更多的阳光和水分，所以开出了花。"

周青热爱设计，在大学期间便做出了许多优秀的平面设计产品，在本行业打好了基础。她深知设计领域的竞争激烈，没有像一些同学一样，急于申请各种实习或做商单，而是静下心来苦心思索，自己怎样才能做出差异化。

周青说："我知道现在的市场对年轻设计师不太友好，但越是这样，越不能着急去挣快钱，要做到和别人不一样，才不容易被替代。"

周青深知属于自己的机会还没有到来，但她并不焦虑，而是静下心来努力学习，打磨自己的专业水平。除此之外，她也努力扩展视野，因为喜欢接触新鲜事物，便趁着短视频火爆的时候自学了视频拍摄、剪辑、后期技术；因为她从不认为平面设计师就一定要有局限，所以也积极地了解空间设计、工业设计等相关行业的技术。

当同龄人已经有人靠商单赚钱时，周青还是不紧不慢地闷头学习；当毕业时大家都有了不错的职位，周青却两手一摊，表示自己要去创业。

这个创业方向，既不是单纯的设计工作室，也不是做个短视频博主，而是将设计的过程分享在短视频网站上。一开始，大家都很怀疑，谁会喜欢在网上看别人的工作过程呢？可周青真的做了这个博主后，别人才发现她的优势：当别的设计师还对拍视频一窍不通时，她已经懂得宣传自己、打造个人 IP 了，当室内设计的订单送上门时，她也不会因为平面设计专业所限无从下手，甚至连 3D 建模都做得很好……

有时，机会就摆在那里，之所以别人得到了而我们错失了，只是因为我们没有提前准备好。机会可不会仅仅局限在某个狭窄的领域，你懂得越多、精通得越多，在机遇到来的时候，变通应对的能力就越强。

周青等到了属于她的"风口"，作为第一批在短视频领域深耕专业赛道的博主，她是"设计师中最懂短视频的，视频博主里最会做设计的"，吃到了足够的红利，现在不仅视频播放量很高，通过视频宣传带动的工作室也越做越好。她选对了出手的时机，但更重要的是，她早早就懂得厚积薄发的道理，在机遇尚未到来时，没有两手空空地苦等，而是努力将能争取的资源都握在了手里。

每一代人都生活在属于自己的时代里，演绎这个时代赋予的故事，越是经历了世界局势的风云变幻，越能深刻地意识到什么是"大势所趋"，明白择时而行的意义。但仅仅懂得择时还不够，在默默无闻时不气馁、不浮躁，努力沉淀自己，多学习一些东西，才能支撑你迎来那个人生的转折点。

机会不会时刻都在眼前，懂得在机会到来之前忍受寂寞、默默等待，才能最大限度上保存自己的实力，最终在属于自己的时代发光。而等待也是沉淀的好时机，只有积累足够深厚，才更有可能把握住机会，最大限度将其变现。

守正出奇，弯道超车

成事者往往有打破常规的勇气，正因为敢于冒着风险走一条别人没有走过的路，才有机会看到其他人见不到的风景。如果总是走旁人开拓的老路，固然降低了风险，但也意味着只能捡别人剩下的资源，能成事的概率就大大减小了。

能打破常规的人，看待事物的角度往往也不同，更有出奇制胜的能力。规矩和经验的存在是为了约束多数人，从管理的角度来看，遵循经验可以避免失误，在稳定中规避风险。但这不代表经验就是唯一的正确解法，它只是适合多数人参考的一条路，不是一个颠扑不破的真理。如果想获得超额的收益，注定不能走既有的道路，总要在过程中冒一点风险、出一次奇招，才能有弯道超车的可能性。有这种策略观，才有机会成大事。

2015 年，电商行业的竞争度过了白热化时期，赢家通吃的局面已经十分明显。淘宝系以垄断式的市场占有率独占鳌头，其余如京东、苏宁易购、唯品会等平台则各自开花，总的来说，电商平台大势已成，蛋糕已经被瓜分完毕。

就在所有人都认为这已经是一片红海时，一个游戏公司的老板偏偏想要分一杯羹。他抽调了自己公司内部的 20 余名员工，将从游戏上赚来的钱投在了新项目上。他们将自己的电商平台定位成"社交电商"，仿佛是将"社交"和"电商"两个互联网热词用一种拙劣的手法简单粗暴地拼接在了一起。这一年 9 月，他们的新项目悄悄上线了，这个名不见经传的平台名叫"拼多多"。

一年后，拼多多的用户量破亿，App 活跃度仅次于淘宝，名列第二。两年后，拼多多的订单量超过了京东，仅次于淘宝。要知道，达到每年千亿人民币的商品交易总额，京东用了十年，淘宝走了五年，而拼多多只花了两年。更何况，这几乎是从巨头手中分蛋糕，难度加倍。

2022 年，拼多多海外平台上线，再一次在国际市场上掀起了腥风血雨，赢得许多消费者的关注。拼多多为什么能创造这样堪称奇迹的成绩？我想，这与它出奇制胜的策略是分不开的。

在所有人都以为电商市场已经被瓜分完毕时，拼多多创始人黄峥深谙市场的多样性，看准了中国巨大的下沉市场。他认识到，在一、二线城市之外，存在着庞大的、渴望优质商品但价格相对敏感的用户群体。于是，拼多多的第一步就是准确定位，将目光聚焦在这一被传统电商较为忽视的市场。这是一次有风险的挑战，但也是别人没有涉足过的领域。如果直道而行很难成功，变通一下思维，从别人忽略的市场入手，也能搏一搏，弯道超车。

另一招出奇制胜的就是，拼多多的定位是"社交电商"，这个看起来有些儿戏、有些拼凑嫌疑的定位，却简单快速地摸准了消费者的脉搏。拼多多创新性地采用了"社交＋团购"的经营模式，通过社交媒体平台的分享，用户可以组成团购团队，享受更大的折扣。这种社交元素不仅吸引了更多用户参与，也拉大了平台的用户规模。围绕社交构建的团购网络让拼多多独辟蹊径，成功地打破了传统电商的格局。

暂时的成就并没有让拼多多停止改变，他们没有一成不变地坚持某一特定业务模式。在初始阶段，公司主要通过低价商品吸引用户，这一策略在迅速积累用户基础的同时，也使得拼多多得以进一步拓展其产品线。可随着用户规模的扩大，拼多多则要摆脱原本策略给消费者带来的"价格低廉质量差"的印象，于是持续多年推出了"百亿补贴"项目，对大牌正品加以宣传，提升平台用户信任度。

纵观拼多多的发展之路，会发现这家公司的策略总是能出人意料，奇招频出，打得竞争对手措手不及。唯一的共同点是，每个项目推行时都顶着质疑声。当拼多多借助社交平台推动用户裂变时，消费者只是抱着薅羊毛的心态买点小商品，根本不敢相信这个看起来十分山寨、营销手法简单粗暴的平台能走很远。当拼多多风风火火搞起了"百亿补贴"时，关于"假货"和"烧钱营销"的质疑声不绝于耳，所有人都觉得这家公司在破产的边缘挣扎。但拼多多硬是走出了一条自己的路，可见，企业的壮大并非一定要遵循大多数人认可的规则，在激烈的商业竞争中，善于变通、出奇制胜是关键。只有不断调整策略、创新经营，才能在激烈竞争中立于不败之地。

人生的策略观也是如此，善于变通，守正出奇是关键，不要畏惧奇招带来的风险，去做让自己恐惧的事，你才能找寻到新的可能。

想获得超出旁人的收获，就不能做平庸的选择，一定要用不同的视角看问题，敢于做出旁人没有尝试过的选择。

坚定选择，拒绝"既要又要"

任何时候做决策一定要会变通，拒绝一根筋，但决策也要"快准狠"，不能摇摆不定、犹豫不决。切记一旦做了决定，务必坚定自己的选择，才能在之后的过程中全力以赴，不至于后悔。

千万不能陷入"既要又要"的误区，许多需求是矛盾的，很难有十全十美的结果，想要的太多就意味着在实施过程中可能遇到更大挑战，最后反而容易造成两头落空的后果。

有一位知名教授，曾经有三个学生同时毕业。这位教授是非常负责的人，在每个学生毕业前，他都拉着他们细细谈论未来，希望能给学生力所能及的帮助。

教授问了每个人一个问题："未来想做什么样的工作，想好了吗？你有什么打算？"

学生甲很犹豫，他既想出国做研究，又想获得一份稳定舒适的工作，而前者显然需要长时间专注投入，加班是少不了的，一时半会儿也稳定不下来。他思来想去也难以取舍，无奈地对老师说："我再想想。"

老师也只好说："那你想好了就告诉我。"

学生乙也想做科研，但是他家庭情况比较困难，难以支持他继续追求梦想。他性格坦诚，从未回避这一点，于是对老师说："我现在的目标就是赚钱，只有早点立业才能养家糊口，再谈理想。所以我想找一份赚钱多的工作。"

老师想了想，说："你这个想法可选的范围比较广，有机会我就帮你问问。"

学生丙是个野心不大的人，他希望自己的将来能够相对稳定，对于要不要做科研这件事，倒不十分坚持。于是他综合了自己的需求，对老师说："最理想的状态，当然是想找一份稳定的研究岗，可以继续从事我之前的工作。只要方向合适，我对工资和工作地点的要求都不高。"

老师听了，立刻想起来自己好像有个现成的资源："之前听说，于教授组里正缺一个助理研究员，只是他们现在的实验室在郊区，既然你可以接受，不如我就推荐你去试试吧！"

学生丙也非常珍惜这次机会，花了一个多月时间进行了充足的准备，最后在激烈的面试中，打败了许多名校的竞争者，成功被录取。

负责面试的老师还对教授透露："你推荐的这个学生真不错，面试表现是最好的。这么多面试的人，只有他准备得最全面，连报告都是针对我们即将开始的实验室项目定制的，一看就是下了功夫。"

这位教授点点头说："他知道自己要什么。"

在求职之前，学生丙就是三个人中对未来规划最脚踏实地的一个。他对自己有充足的认知，知道能力在哪个位置，进行规划时也没有好高骛远。所以，尽管一开始他理想的工作看起来是最"不上进"的，但从结果来看，他的去向是最好的。

一个人想要的太多，意味着目标也就变得不明确起来，或者挑战性增大、成功的可能性降低，不管哪种情况都对实现自己的目标有不利影响。做决定最忌摇摆不定，不管决心去选哪一条路，只要不后悔、不犹豫，全力以赴去奋斗，都有机会摘取目标果实。但如果总是摇摆，不管走在哪一条路上，都会惦记自己未曾选择的道路上的风景，三心二意，自然难有所成就。

人生的输赢策略中，最忌讳有"既要又要"的心态，往往容易导致竹篮打水一场空。变通是让我们的思维更加灵活，不拘泥于规则，不被别人的思路束缚，在机会面前做勇敢者而不是保守的回避者，不是让我们反复改变自己的决策。做决定之前要发挥变通力，但当心中有了答案，行动也一定要坚定。

做决策时，要懂得什么时候该变，什么时候不该变。在尚未下决定之前，要告诉自己"无所不能为"，跳出旧框架去思考，不怕出奇招、险招；但下决定之后，一定要坚定执行，以不变应万变。掌握变通的时机，也是成事的关键。

认清自己，选择命运

　　"命运"是一个太过沉重的词，仿佛人生已经预设好了剧本，除了听天由命，随波逐流，没有其他选择。命运的力量往往被认为是一种"不可抗力"，个人的努力在命运的大势面前，显得那样渺小。但人一旦产生了"认命"的想法，也就失去了一种可贵的勇气和斗志，再难获得成就。

　　面对命运，要懂得谋求大势之下的机会，出身是命运安排的，路却可以自己选择，要用变通的策略观去看待，没有人可以代替你规划自己的路。古罗马哲学家爱比克泰德曾经说过："我们无法控制老天爷为我们安排什么样的角色，唯一能做的是尽自己最大的努力、毫无怨言地赋予这些角色以生命的意义。"身处于当下的角色，依然可以在有限的机会里挑选自己喜欢的剧本，走向自己的人生。

　　而选择哪条路的前提是认清自己。只有懂得自己想要什么，能做到什么，你才能更清晰地变通谋划，找准自己的剧本。

　　托尔斯泰曾经讲述过一个颇具黑色幽默的故事，说明了认清自己的重要性。在他的故事中，有一个人想拥有一块土地，领主对他说："当然可以，但你要完成我的要求。"

领主让他在清晨时从家里出发，每过一段时间就在经过的路边插一个旗杆。只要他能在太阳落山前赶回家中，插着旗杆的土地就都归这个人所有。

这个人兴奋极了，第二天清晨，他就拼命地向外面跑去。很快，他逐渐感到疲惫，但想到自己能多跑一段路，就可以多获得一片土地，他便咬牙继续向前。直到筋疲力尽时，他才想起自己还要返回，不得不强行拖着双腿拼命往回赶。

太阳落山前，这个可怜的人终于跑回了家。但他太累了，长途跋涉消耗了他所有的精力，到家后他摔了个跟头，再也没有起来。在他的葬礼上，牧师十分悲哀地说："一个人能拥有多少土地呢？你看，也只有一块墓地这么大而已。"

这个人没有战胜他的贪婪，他想要的太多，但自己能做到的却有限，最终只能活活累死。我们的痛苦，常常来自自我认知和个人能力的不匹配。我们总想拥有更好的生活，也认为自己本该拥有更好的生活，但在追求的过程中将自己逼迫得太紧，那种无能为力又想拼命追逐的痛苦，才是最消耗人的。

认清自己，是不卑不亢、客观理智地了解自己的情况。越是年轻时，我们越要早点认清自己，明白自己的上限和下限在哪儿，才能更好地规划自己的人生，将有限的时间和精力用在能真正成就自我的地方。

三国时期，蜀汉的开国皇帝刘备在去世前，将自己的儿子刘禅托付给了诸葛亮。诸葛亮为蜀汉鞠躬尽瘁，最后殚精竭虑，在五丈原病逝。此时距离刘备去世不过 11 年，失去了父亲的庇护与相父的支撑，那个被称为"扶不起的阿斗"的刘禅，面临前所未有的挑战。

这个在史书上并不以聪慧贤能闻名的蜀汉皇帝，却让蜀国又延续了 30 年。陈寿在《三国志》中曾经评价他："后主任贤相则为循理之君，惑阉竖则为昏暗之后。"至少在前半生，他做到了知人善任，从不怀疑贤能，这已经强过了许多皇帝。

刘禅没有大才，但难得的是他有自知之明，知道凭自己的能力无法在多股势力之间维持住蜀汉，所以并不刚愎自用，也不轻易怀疑身边的臣子。刘禅对诸葛亮这个如师如父的存在给予了自己全部的信任，即便诸葛亮死后，刘禅也从未允许别人贬低他，甚至将诋毁诸葛亮的李邈下狱处死，可见他的愤怒。

在此后许多年，刘禅沿袭了诸葛亮的政令，任命丞相信任和举荐的人，关起门来发展蜀中，着力提高农业与经济，积攒实力，并从未放弃北伐。这些都曾是他父亲和一众叔伯的理想，而刘禅努力地延续了下来。

阿斗并非扶不起，相反，他是大智若愚，能认清自己的能力，就是最大的聪慧。如果自以为才华横溢，觉得自己可以拳打曹魏、脚踢东吴，只怕蜀汉早早就要湮灭在历史中。刘禅的自知之明让他能维持蜀汉多年，也让他在蜀国灭亡后，依然可以在洛阳安度余生。

司马昭灭亡蜀国后，刘禅成为亡国之君，被扣押在洛阳。司马昭猜疑刘禅仍然有野心，便试探他是否思念蜀国，刘禅镇定地在酒席间说："此间乐，不思蜀也。"显得十分没心没肺。

　　刘禅的臣子郤正便偷偷教他，只要哭诉自己思念远在蜀国的先人坟墓，或许就有机会回去。没想到刘禅转身就把郤正出卖了，原原本本将他教自己说的话告诉了司马昭。蜀国的臣子都对他十分失望，但却打消了司马昭对他的疑心。有人认为这是刘禅没出息的表现，殊不知正是他有自知之明，知道天下大势已去，再挣扎只会害了自己和臣子的性命，才做出了这样的妥协。

　　刘禅以亡国之君的身份在洛阳安享余生，终年 64 岁。而那个教他向司马昭哭诉的忠臣郤正，也因为刘禅的"没出息"未被忌惮，甚至晋武帝司马炎曾评价他"昔在成都，颠沛守义，不违忠节"，言语间十分欣赏，让他做了太守。如果没有刘禅当初看清形势，只怕蜀汉的君臣都不能活下来。

　　亡国皇帝的命运大多悲惨，但刘禅却通过自己的选择改写了它，在命运的转折点做出了正确的判断。这种能屈能伸的变通，构建在对自己、对形势的清晰认识上。命运看似无常，其实是由生命中每时每刻的每件小事堆叠而成，把握命运不是短暂吟诵一首讴歌泣血的史诗，而是参与一场沉默的马拉松之旅，找准方向和坚持尤为重要。越早认清自己，越能早点向着目的地前行，获得自己的圆满。

人人都有欲望，欲望使我们想追求幸福的人生，这原本没有错。但如果不能控制自己的欲望，让贪婪吞噬理智，去强求自己得不到的东西，就会被权势、地位、财富等身外之物异化，给自己带来痛苦甚至是巨大的风险。

用利他的思维成就自己

变通的思维模式具有可复制性，学会这种思维方法就是拥有一种无形的资产。建立思维模式或许需要花几年，不过从这种思维中获益却可以持续一生。譬如，管理者思考问题时，总是习惯从全局出发。因为眼界、习惯和角色所限，多数普通人习惯从局部出发思考，就难以窥看全貌，无法得到更接近真相的答案。如果普通人能用管理者的思维去思考问题，是否就更容易找准事物的本质？

变通的策略观认为，"给予"和"获取"是可以互相转化的。当我们想从别人身上获得些什么时，潜意识里不应该以索取作为出发点，而应该想想自己能为对方带来什么。习惯"给予思维"的人往往能从外界获得回报，而总是运用"索取思维"的人，就很难在相同情况下得到成功。

几年前，杨先生深感自己在工作中的力不从心，毅然停薪留职，前往美国读 MBA。回国后，身边人都感觉杨先生变了很多。如果说从前他是为了自己的成功而工作，现在，他似乎在为了别人的成功而工作。

换言之，他认为"别人的成功就是我的成功"。

以前的杨先生一直是团队中经验丰富、能力卓绝的中坚力量，但人无完人，在竞争中他生怕旁人超越自己，所以一向对自己掌握的技术核心讳莫如深，即便别人需要帮忙，他也总是留一手。在这个团队里，只要杨先生在，别人就只能从他身后"捡漏"，绝不可能超越他。因此，许多有心气、有前途的年轻人只将杨先生的团队当作跳板，很难长留。

现在，杨先生却不吝于指导别人。当然，他并不是变成了无欲无求的"老好人"，只是过去总遮遮掩掩的技术问题，现在他愿意大方为人解答了，闲下来能帮上忙的事，他也不再袖手旁观了。自己优秀只是个人的成绩，带动别人一起成功，才是团队的业绩。

"以前我的眼界太窄，现在我才明白，管理者就是用别人的成功来打造自己的成功，而不是做一匹孤狼。"杨先生说，"要有给予和付出的思维，才有收获。总想着自己的一亩三分地，最后也只能守着这一小片土地。"

以前，尽管他总能又好又快地完成工作，却也懒得思考工作之外的事，上司交代了什么他就做什么，做得很好，却一丝也不多做。这是杨先生信奉的职场生存法则——做好分内事，其他时间都是属于自己的。

这的确很舒服，却也很难更进一步。要领导别人，就不能走一步看一步，拨一下动一动，而是凡事要想在前面，做到全面，于是他开始花更多时间在思考上。上司让他做一份报表，他就去调查报表背后的项目背景是怎样的，做报表的目的是什么，项目目前的进度和面临的问题……思考多了，便有了许多"原来如此"的大彻大悟。

"我突然明白'原来我做这件事，是为了这个原因'，以前我就不会想这么多，只做眼前的事。"他说，"当我明白自己在为了什么目标和问题工作时，做得就会更完美、更有针对性，甚至能主动提出一些改进建议，这是以前做不到的。"

一次，杨先生的团队负责调研某公司的产品三个月内的销售情况，在收集了诸多数据之后，他还专门出具了一份调研报告，明确说明"与某公司合作开发此产品有很大风险"。

总经理看了报告很诧异："你怎么知道公司想跟他们合作进行后续开发？谁告诉你的？"

杨先生笑着说："这个季度公司的规划里提过，准备进军相关领域，我就想也许咱们要跟他们合作。"

这让总经理大为惊讶，一时间笑了起来，夸他："你还真有先见之明。"

那一年，杨先生的团队拿下了几个好项目，被公司点名表扬，他不仅没有因分享资源失去原本的地位，反而得到了众人的心服口服。年底晋升考核，他毫无疑问地再上一层楼。

当我们站在一个不够高的位置，很难看到更广阔的世界，而思考可以让我们窥见那个世界的蛛丝马迹。尽管眼界有局限，但想法不会有天顶，善于观察、思考，推敲一件事的来龙去脉，能让我们的眼界豁然开朗。那时，我们就有从细节处推导全局的能力。

即便不观察那些对社会有一定影响力的人，仅仅是考察身边人，你也会发现一个真正受欢迎的优秀领导者，往往都是友善的、乐于为他人解决问题的。因为他们知道，解决别人的问题，就是解决自己团队的问题，是有利于合作和推进共同目标的事。只有抱着这样的思维去做事和做人，用利他的思维来成就自己，才是善于变通的智慧。

从更长远的角度去分析"舍"与"得"，你会发现利他和利己并非对立的关系，而是可以相互变通。用利他的思维去做事，往往能从更高的角度收获利己的结果，眼光放长远，不要计较一时的得失，去经营自己的长久发展。

放弃设限，人生是旷野

　　变通的策略观不仅体现在做事上，也体现在对自己的人生规划上。在不同时期，我们对世界的认识在不断变化，对个人的规划与定位也在不断发展。当我们踩着过去自己的肩膀，一步步走向更好的未来时，就应当相信，将来的自己前途不可限量。

　　放弃对自己设限，相信自己无所不能，只有这样，你才能真正创造出别人无法想象的奇迹。要相信，人类的智慧和创造力从来都不会被任何事物束缚，2019年的诺贝尔化学奖获得者约翰·古迪纳夫的一生就是对这一观点的最佳诠释。他的一生，不仅仅对化学领域做出了杰出贡献，更证明了不给自己设限的重要性。

　　古迪纳夫90岁的时候，曾说："我只有90岁，还有的是时间。"当时，他刚刚宣布了一个新的决定，要研究全固态的锂电池。人们并不看好这一选择，一方面是担心他的身体状况不足以支撑新的研究，一方面是认为他已经在"诺奖"上陪跑了多年，恐怕这辈子无缘获奖了。

　　但令人意外的是，古迪纳夫不仅坚持了自己的新研究，还在7

年以后获得了诺贝尔化学奖，以 97 岁高龄成为有史以来最年长的"诺奖"得主。2023 年，他以百岁高龄逝世，结束了自己不断挑战、永远在创新的一生，没有留下任何遗憾。

回顾这位锂电池之父的一生，你会发现"不可能"从来没有出现在他的字典中。古迪纳夫于 1922 年 7 月 25 日出生在德国，他的父母是美国人，18 岁时考上了耶鲁大学。由于与父亲关系不好，古迪纳夫的父亲拒绝给他支付大学学费，他靠着给富裕人家的小孩做家教，才凑齐了自己的学费。

但艰难的求学路并没有影响古迪纳夫求知的欲望，耶鲁大学第一年的课程可以自由选择，古迪纳夫因此接触了古典文学、哲学系的大量课程，甚至还学了两门化学课。当时他想选择文学类专业，但在努力之后他发现自己毫无天分，甚至可能有阅读障碍，就无奈选择了数学专业。

等从数学系本科毕业后，正好赶上了"二战"爆发，古迪纳夫立刻报名参加了美国空军，想成为一名光荣的飞行员。不过竞争过于激烈，他的飞行员梦想破灭了，只能在一个小岛上负责收集气象数据。

接连受挫并没有让古迪纳夫自怨自艾，战后，他重新启航，成为芝加哥大学物理系的一名博士生——第一次入学考试就挂科的那种。这个有点戏剧化的开始并没有打消他的积极性，30 岁时，他终于拿到了自己的博士学位。

之后的 20 年里，古迪纳夫一直进行研究，但并没有什么亮眼的成果出现，到 50 岁那年，他所在的实验室甚至连经费都被砍了，古迪纳夫不得不重新开始找工作，加入了牛津大学化学系。

54 岁时，古迪纳夫才开始研究电池材料，并有了成就，让锂电池的应用产生了可能。回首他的前半生，似乎困境始终伴随着他，随时准备为他关上大门——考上了名校却没有钱付学费，想学文学却有阅读障碍，毕业时遇到"二战"爆发，想当飞行员却被派去小岛上驻扎，好不容易找到一份研究工作却在 50 岁时险些失业……命运一次次告诉他"停下""不可能"，他却丝毫不以为然，并将之看作考验，从未觉得自己做不到。

直到年过半百，古迪纳夫才迎来真正顺畅的事业。而过去的坎坷也带来了好处，让他始终不满足于现状并居安思危。当 64 岁的古迪纳夫得知，牛津大学的教授在 65 岁就要强制退休时，他当机立断卷铺盖走人，前往得克萨斯州继续自己的电池研究。古迪纳夫与美国宾厄姆顿大学化学教授斯坦利·惠廷厄姆和日本名城大学教授吉野彰一起发明了锂离子电池。古迪纳夫没有满足于现状，1997 年时，他的团队又发现了一种适合商业化的锂离子阴极材料——磷酸铁锂，当时他已经 75 岁了，而这一发明对于移动设备、电动汽车等领域的发展产生了深远的影响。

后来，古迪纳夫在接受采访时说："年龄不是问题，只要你保持对生活的热情，保持对科学的好奇心，你就能在任何时候取得成就。"

如果是别人说这句话，或许可信度会受到质疑，但从古迪纳夫口中说出来却如此令人信服，因为这正是他自己在科学探索中的真实写照。在历史上，很少有科学家能够在八旬之际仍然取得如此巨大的突破，古迪纳夫做到了，正是因为他从来不给自己设限，哪怕是不可挽留的时光，也不能熄灭他内心前进的动力。

不对自己设限，不要因为任何外界因素否定自己的能力和未来，你才有创造可能的基础。当我们下意识否决了自己成功的可能性时，就是在给必然到来的失败找借口。不要说什么"我能力不行""我年龄太大了""我没有经验"，等等，只是一味拖延，问题只会越来越严重，如果现在就去做，这些就都不是问题。而当你真正做到时，回首过去，便恍如隔世，你会发现自己已变成了一个过去难以想象的优秀模样。

　　古迪纳夫在 75 岁高龄做出了自己获得"诺奖"的关键研究，强有力地证明了不设限的重要性。如果连年龄都不再是问题，还有什么是我们克服不了的呢？相信信念的力量，相信自己，你才真正无所不能。

附录：变通语录

穷则变，变则通，通则久。

——《周易》

变通者，趋时者也。

——《周易》

力能则进，否则退，量力而行。

——《左传》

善出奇者，无穷如天地，不竭如江海。

——《孙子兵法》

法与时移，而禁与治变。

——《韩非子》

知欲圆，而行欲方。

——《淮南子》

明者因时而变，知者随事而制。

　　　　　　　　　　　　　——《盐铁论》

以书为御者，不尽马之情；以古制今者，不达事之变。

　　　　　　　　　　　　　——《战国策》

以窥看为精神，以向背为变通。

　　　　　　　　　　　　　——《运命论》

通其变，天下无弊法；执其方，天下无善教。

　　　　　　　　　　　　　——《中说》

不能循往以御变。

　　　　　　　　　　　　　——《鉴药》

救弊之术，莫大乎通变。

　　　　　　　　　　　　　——《易论第一》

事未至而预图，则处之常有余；事既至而后计，则应之常
不足。

　　　　　　　　　　　　　——《美芹十论》

昨日之非不可留，留之则根烬复萌，而尘情终累乎理趣；今日之是不可执，执之则渣滓未化，而理趣反转为欲根。

——《菜根谭》

士人有百折不回之真心，才有万变不穷之妙用。

——《菜根谭》

操存要有真宰，无真宰则遇事便倒，何以植顶天立地之砥柱！应用要有圆机，无圆机则触物有碍，何以成旋乾转坤之经纶！

——《菜根谭》

作人无一点真恳的念头，便成个花子，事事皆虚；涉世无一段圆活的机趣，便是个木人，处处有碍。

——《菜根谭》

无事如有事，时提防，可以弭意外之变。有事如无事，时镇定，可以销局中之危。

——《小窗幽记》

才子之行多放，当以正敛之；正人之行多板，当以趣通之。

——《小窗幽记》

高明性多疏脱，须学精严；狷介常苦迂拘，当思圆转。

——《小窗幽记》

变则新，不变则腐；变则活，不变则板。

——《闲情偶寄》

真圣贤决非迂腐；真豪杰断不粗疏。

——《格言联璧》

正而过则迂，直而过则拙，故迂拙之人犹不失为正直；高或入于虚，华或入于浮，而虚浮之士究难指为高华。

——《围炉夜话》

为人循矩度，而不见精神，则登场之傀儡也；做事守章程，而不知权变，则依样之葫芦也。

——《围炉夜话》

数虽有定，而君子但求其理，理既得，数亦难违；变固宜防，而君子但守其常，常无失，变亦能御。

——《围炉夜话》

无执滞心，才是通方士；有做作气，便非本色人。

——《围炉夜话》